免蒸养混凝土
制备与性能研究

王兰芹　王鹏刚　唐兴滨　常青山　著

U0228789

化学工业出版社
·北京·

内容简介

本书聚焦混凝土制品行业发展面临的收缩大、易开裂、不耐久、高能耗问题，基于纳米 C-S-H 晶核调控水泥基材料早期水化进程，加速早期水化产物和微结构的形成。进一步通过混凝土配合比优化，系统研究了装配式建筑用免蒸养 C35 混凝土、沿海地铁管片用免蒸养 C50 混凝土以及滨海 PHC 管桩用免蒸养 C80 混凝土的工作性能、力学性能、收缩性能及关键耐久性能的演变规律，基于等效龄期原理，建立了水化程度和弹性模量计算模型；根据最小能量原理和自洽原理，在 Biot-Bishop 方程基础上建立了考虑饱和系数的自收缩预测模型；建立了以混凝土孔隙特征为主的耐久性评价体系。结合成本分析，给出了不同服役环境条件混凝土制品配合比设计方法。

本书可作为高等院校、科研院所的研究人员以及混凝土生产企业的技术人员的参考用书。

图书在版编目（CIP）数据

免蒸养混凝土制备与性能研究/王兰芹等著. —北京：化学工业出版社，2023.10
ISBN 978-7-122-43856-0

Ⅰ.①免… Ⅱ.①王… Ⅲ.①混凝土-制备-研究②混凝土-性能-研究 Ⅳ.①TU528

中国国家版本馆 CIP 数据核字（2023）第 136962 号

责任编辑：彭明兰　　　　　　　　文字编辑：邹　宁
责任校对：边　涛　　　　　　　　装帧设计：韩　飞

出版发行：化学工业出版社
　　　　（北京市东城区青年湖南街 13 号　邮政编码 100011）
印　　装：北京建宏印刷有限公司
880mm×1230mm　1/32　印张 9　字数 188 千字
2023 年 9 月北京第 1 版第 1 次印刷

购书咨询：010-64518888　　　　　　售后服务：010-64518899
网　　址：http://www.cip.com.cn
凡购买本书，如有缺损质量问题，本社销售中心负责调换。

定　　价：98.00 元　　　　　　　　版权所有　违者必究

前　言

　　混凝土制品生产周期短、质量易于控制、施工效率高，已在城镇市政建设、地铁工程、铁道交通、电力输送、工业与民用建筑等领域发挥重要作用，特别是近年来在"一带一路"倡议、"海洋强国"及"新型城镇化"等国家战略的推动下，水泥混凝土制品的需求急剧增加，这是混凝土行业的重要发展趋势。然而，目前混凝土制品普遍采用蒸养（压）工艺，能耗高，是行业可持续发展亟需解决的重大问题。传统混凝土制品在生产过程中主要采用蒸养或蒸压等湿热养护方式加速制品的早期强度发展，由此带来混凝土制品脆性大、易开裂、抗渗性差等问题且维修费用高昂。在混凝土制品需求量日益增加的形势下，体积稳定性、耐久性及生产能耗问题的解决尤为迫切。本书在国家自然科学基金（52278263）、山东省泰山学者工程专项经费（tsqn202306231）、山东建筑大学博士基金（X22037Z）、山东省重点研发计划（2019GSF110006）等课题的共同资助下研究编撰完成的。在此对上述科研项目的资金支持表示衷心的感谢。

本书聚焦混凝土制品行业发展面临收缩大、易开裂、不耐久、高能耗的问题，针对装配式建筑、地铁管片、PHC管桩对混凝土的性能要求，采用纳米C-S-H晶核调控水泥的早期水化进程，加速水泥早期水化产物的生成和微结构的形成，开发了系列低能耗、高耐久免蒸养混凝土，有效避免湿热养护过程中制品内部的热损伤及结构缺陷的产生，提高混凝土制品整体性能，降低混凝土制品后期维护成本，助力实现"双碳"目标。书中涉及的免蒸养混凝土制品抗裂性分析和耐久性评价方法等可为研究人员开展相关研究提供良好的基础。本书实用性强，可为一线生产企业提供良好的技术支撑。在本书撰写和科研过程中，付华、王缘、韩晓峰、马东、赵明海、王辉、李伟超、刘涛、凌梓俊等做了大量工作，在此对他们表示诚挚的谢意。由于作者的水平有限，书中难免有疏漏、不当之处，敬请同行和广大读者批评指正。

王兰芹

2023 年 5 月于济南

目 录

第 1 章　绪论 ·· 001

1.1　免蒸养混凝土研究现状 ································· 001

1.2　混凝土早强剂研究现状 ································· 003

1.3　纳米早强剂研究现状 ····································· 007

1.4　混凝土早期自收缩研究现状 ······················ 009

第 2 章　纳米 C-S-H-PCE 早强剂对水泥水化及微结构的影响 ··· 017

2.1　原材料与水泥净浆配合比 ··························· 017

2.2　试验方法 ·· 019

　　2.2.1　凝结时间的测定 ······························· 019

　　2.2.2　抗压强度 ··· 020

　　2.2.3　电导率 ··· 020

　　2.2.4　化学结合水 ······································· 021

　　2.2.5　傅里叶红外光谱（FTIR） ················· 022

　　2.2.6　扫描电镜（SEM） ····························· 023

　　2.2.7　低场核磁 ··· 024

2.3　对水泥凝结时间和砂浆抗压强度的影响 ········· 025

    2.3.1　凝结时间 ----------------------------- 025

    2.3.2　抗压强度 ----------------------------- 026

  2.4　对水泥悬浮液电导率的影响 ----------------- 029

  2.5　对水泥浆体化学结合水的影响 --------------- 031

  2.6　对水泥浆体红外光谱的影响 ----------------- 032

  2.7　对水泥浆体微观形貌的影响 ----------------- 035

  2.8　对水泥浆体孔结构的影响 ------------------- 038

  2.9　纳米 C-S-H-PCE 对水泥浆体的早强机理 ------- 042

  2.10　本章小结 ------------------------------- 044

第 3 章　装配式建筑用免蒸养 C35 混凝土制备与
性能研究 ------------------------------------ 046

  3.1　原材料及试验方案 ------------------------- 048

    3.1.1　原材料 ------------------------------- 048

    3.1.2　试验方案 ----------------------------- 050

  3.2　免蒸养 C35 混凝土初步配合比 --------------- 054

  3.3　免蒸养 C35 混凝土抗压强度 ----------------- 055

    3.3.1　纳米 C-S-H-PCE 对 C35 混凝土
24h 强度的影响 ----------------------------- 055

    3.3.2　粉煤灰对免蒸养 C35 混凝土抗
压强度的影响 ------------------------------- 059

    3.3.3　矿粉对免蒸养 C35 混凝土抗压
强度的影响 --------------------------------- 060

    3.3.4　复掺粉煤灰和矿粉对免蒸养 C35
混凝土抗压强度的影响 --------------------- 062

  3.4　免蒸养 C35 混凝土耐久性能 ----------------- 063

3.4.1 免蒸养 C35 混凝土抗氯离子侵蚀性能 ···· 063

3.4.2 免蒸养 C35 混凝土碳化性能 ················ 066

3.4.3 免蒸养 C35 混凝土抗冻性能 ················ 072

3.5 纳米 C-S-H-PCE 对免蒸养 C35 混凝土

自收缩的影响 ·································· 077

3.6 免蒸养 C35 混凝土成本分析及推荐配合比 ······· 079

3.7 本章小结 ···································· 081

第 4 章 沿海地铁管片用免蒸养 C50 混凝土

制备与性能研究 ···························· 083

4.1 原材料与试验方案 ··························· 084

4.2 免蒸养 C50 混凝土初步配合比 ················ 084

4.3 免蒸养 C50 混凝土抗压强度 ················· 088

4.3.1 纳米 C-S-H-PCE 对 C50 混凝土

10h 强度的影响 ·························· 088

4.3.2 粉煤灰对免蒸养 C50 混凝土抗

压强度的影响 ···························· 089

4.3.3 矿粉对免蒸养 C50 混凝土抗压

强度的影响 ······························ 093

4.3.4 复掺粉煤灰和矿粉对免蒸养 C50

混凝土抗压强度的影响 ·················· 095

4.4 免蒸养 C50 混凝土耐久性能 ················· 097

4.4.1 免蒸养 C50 混凝土抗氯离子侵

蚀性能 ·································· 097

4.4.2 免蒸养 C50 混凝土碳化性能 ··············· 100

4.4.3 免蒸养 C50 混凝土的抗冻性能 ············ 105

4.5 纳米 C-S-H-PCE 对免蒸养 C50 混凝土

自收缩的影响 -------------------------------- 108

4.6 免蒸养 C50 混凝土成本分析及推荐配合比 ------- 111

4.7 本章小结 -- 113

第 5 章 滨海 PHC 管桩免蒸养 C80 混凝土制

备与其力学性能 ------------------------------- 115

5.1 原材料与试验方案 ------------------------------- 115

5.1.1 原材料 ------------------------------------- 115

5.1.2 混凝土配合比 ----------------------------- 117

5.1.3 试件成型与养护 -------------------------- 117

5.1.4 微量热试验 ------------------------------- 121

5.1.5 低场核磁共振试验 ------------------------ 121

5.2 免蒸养水泥浆体水化规律 --------------------- 122

5.2.1 矿粉对水泥浆体水化规律的影响 ------- 122

5.2.2 粉煤灰和矿粉对水泥浆体水化规律的

影响 --------------------------------------- 125

5.2.3 纳米 C-S-H-PCE 早强剂对水泥浆体水

化规律的影响 ----------------------------- 127

5.3 免蒸养 C80 混凝土孔结构分析 ---------------- 128

5.3.1 矿粉对混凝土孔结构的影响 ----------- 128

5.3.2 粉煤灰和矿粉对混凝土孔结构的影响 ---- 131

5.3.3 纳米 C-S-H-PCE 早强剂对混凝土孔

结构的影响 ------------------------------- 133

5.4 免蒸养 C80 混凝土抗压强度 ------------------- 135

5.4.1 矿粉对混凝土抗压强度的影响 ----------- 135

5.4.2　粉煤灰和矿粉对混凝土抗压强度的

　　　　影响 --- 140

5.4.3　纳米 C-S-H-PCE 早强剂对混凝土抗

　　　　压强度的影响 ----------------------------- 144

5.4.4　混凝土抗压强度与胶凝材料总量、

　　　　胶水比的关系 ----------------------------- 145

5.5　本章小结 --- 149

第 6 章　免蒸养 C80 混凝土自收缩变形

　　　　性能 --- 151

6.1　试验方案 --- 152

6.1.1　混凝土配合比 ----------------------------- 152

6.1.2　动弹性模量测试 --------------------------- 153

6.1.3　毛细孔负压试验 --------------------------- 154

6.1.4　混凝土温湿度-收缩一体化试验 ----------- 156

6.2　免蒸养 C80 混凝土的动弹性模量影响

　　　因素分析 --- 159

6.2.1　矿粉对混凝土动弹性模量的影响 -------- 159

6.2.2　粉煤灰和矿粉对混凝土动弹性模

　　　　量的影响 ----------------------------------- 160

6.2.3　纳米 C-S-H-PCE 早强剂对混凝土

　　　　动弹性模量的影响 ----------------------- 161

6.3　免蒸养 C80 混凝土自收缩零点分析 -------------- 161

6.3.1　不考虑自收缩零点的混凝土自收缩变形 ---- 162

6.3.2　矿粉对混凝土自收缩零点的影响 -------- 165

　　6.3.3　粉煤灰和矿粉对混凝土自收缩

　　　　　零点的影响 ------------------------------ 168

　　6.3.4　纳米 C-S-H-PCE 早强剂对混凝土

　　　　　自收缩零点的影响 ------------------------ 169

6.4　免蒸养 C80 混凝土自收缩变形性能 ------------- 170

　　6.4.1　矿粉对混凝土自收缩的影响 -------------- 170

　　6.4.2　粉煤灰和矿粉对混凝土自收缩的影响 ---- 175

　　6.4.3　纳米 C-S-H-PCE 早强剂对混凝土

　　　　　自收缩的影响 --------------------------- 179

　　6.4.4　免蒸养 PHC 管桩混凝土自收缩

　　　　　机理分析 ------------------------------- 181

6.5　免蒸养 C80 混凝土自收缩变形预测方法 -------- 182

　　6.5.1　水化程度修正模型 ---------------------- 183

　　6.5.2　混凝土弹性模量修正模型 ---------------- 189

　　6.5.3　考虑饱和系数的混凝土自收缩

　　　　　修正模型 ------------------------------- 193

6.6　本章小结 --------------------------------------- 200

第 7 章　免蒸养 C80 混凝土耐久性 -------------------- 202

7.1　试验方案 --------------------------------------- 202

　　7.1.1　抗氯离子渗透试验 ---------------------- 202

　　7.1.2　抗冻试验 ------------------------------- 204

　　7.1.3　抗硫酸盐侵蚀试验 ---------------------- 205

7.2　免蒸养 C80 混凝土抗氯离子侵蚀性能 ----------- 206

　　7.2.1　矿粉对混凝土抗氯离子侵蚀

　　　　　性能的影响 ----------------------------- 206

7.2.2 粉煤灰和矿粉对混凝土抗氯离子

侵蚀性能的影响 ------------------------------ 210

7.2.3 纳米 C-S-H-PCE 早强剂对混凝土

抗氯离子侵蚀性能的影响 ------------------ 213

7.2.4 混凝土氯离子渗透系数与胶凝材

料总量、水胶比的关系 ---------------------- 214

7.3 免蒸养 C80 混凝土抗冻性能 ------------------------- 220

7.3.1 矿粉对混凝土抗冻性能的影响 ----------- 220

7.3.2 粉煤灰和矿粉对混凝土抗冻性能的

影响 -- 225

7.3.3 纳米 C-S-H-PCE 早强剂对混凝土

抗冻性能的影响 ----------------------------------- 231

7.3.4 冻融损伤机理分析 ------------------------------ 232

7.4 免蒸养 C80 混凝土抗硫酸盐侵蚀性能 ----------- 236

7.4.1 矿粉对混凝土抗硫酸盐侵蚀性能的

影响 -- 236

7.4.2 粉煤灰和矿粉对混凝土抗硫酸盐

侵蚀性能的影响 ----------------------------------- 244

7.4.3 纳米 C-S-H-PCE 早强剂对混凝土

抗硫酸盐侵蚀性能的影响 ------------------ 251

7.4.4 硫酸盐侵蚀机理分析 ------------------------ 252

7.5 本章小结 --- 255

参考文献 -- 258

第 1 章

绪　论

1.1　免蒸养混凝土研究现状

　　目前，国内外研究人员对蒸养混凝土的热损伤机理，蒸养过程中力学性能的演变[1] 以及蒸养混凝土的劣化机理已进行了系统研究[2]，并通过改变水胶比、矿物掺合料掺量、蒸养制度等方法来改善蒸养混凝土性能[3]。研究成果有助于人们有针对性地采取措施，避免蒸汽养护带来的一系列问题。相关研究人员在蒸养混凝土方面做了大量工作，但是不能从根本上解决蒸养混凝土带来的热损伤、大能耗以及混凝土耐久性损伤等问题。目前已有许多相关研究人员通过优选原材料、优化混凝土配合比、掺入各种类型的早强剂来制备免蒸养混凝土。

　　王成启[4] 通过优化混凝土配合比和改善养护措施，利用环境因素免除蒸汽养护阶段，制备了免蒸养管桩，

12h 脱模强度达到 55.0MPa。谢烈金[5] 通过优选混凝土和改善养护技术，制备了免蒸养 PHC 管桩，24h 强度达到了 51.2MPa，并且工程应用表明，沉桩效果较好。户广旗等[6] 优化了混凝土的配合比，胶凝材料用量为 500kg/m³、矿粉掺量 15%、砂率 0.36、水胶比 0.18，自然养护条件下混凝土 1d 的抗压强度可达到 50MPa，混凝土抗氯离子扩散系数为 $1.5 \times 10^{-12} m^2/s$。秦明强[7] 通过复掺粉煤灰和偏高岭土制备了免蒸养管片，结果表明，复掺粉煤灰和偏高岭土可增强混凝土的强度和抗碳化等耐久性性能，在自然养护条件下就能达到衬砌管片的相关标准要求。综上所述，通过控制原材料、优化混凝土配合比、掺入矿物掺合料等方法制备的免蒸养混凝土都可以在一定程度上提高其早期强度，但都或多或少地存在早期强度提高有限等问题。

张钰等[8] 研究了免蒸养矿物添加剂（其主要矿物组成三铝酸四钙 C_4A_3）对硅酸盐水泥混凝土物理性能的影响。结果表明：20℃标准养护条件下，在混凝土中掺加 7% 的免蒸养矿物添加剂等量取代粉煤灰，对混凝土早期强度发展最佳，强度略高于同期蒸养条件下的混凝土脱模强度，并使后期强度稳定增长，从而可实现免蒸养或缩短蒸养时间。陈凯[9] 开发了能满足地铁管片免蒸养早强脱模要求的超早强聚羧酸减水剂，所制备的免蒸养地铁管片混凝土 12h 脱模强度大于 10MPa，同时耐久性比蒸养混凝土有所提高。周华新等[10] 研制了超早强型聚羧酸减水剂，20℃自然养护温度条件下，掺量为 0.8% 时，12h 的抗压强度达到 21.7MPa。杨海波等[11] 采用硝酸钙、聚羧酸高效减水剂和矿粉，制备了早强免蒸养电杆混凝土。与蒸养混凝土相比，在冻融作用下其动弹性模量损失减小 2.33%，质量损失率减小 2.17%，抗氯离子渗透能力提高 24.1%。周飞飞[12] 掺入由 Na_2SO_4 和三乙醇胺等复合而成的早强剂制备了免蒸养混凝土，结果表明，1d 抗压强度可达到 17MPa，相比于普通混凝土，提高了近 20%。成燕燕[13] 通过掺加氯盐类复合早强剂以及钢纤维制备了免蒸养混凝土，结果表明，复合早强剂和钢纤维掺量分别为 10%、6% 时，早期强度发展最佳，3d 强度达到了 38.8MPa。赵松蔚[14] 通过复掺 Na_2SO_4 早强剂和自行研制的早强型减水剂制备了免蒸养 C40 混凝土，结果表明，掺入该外加剂后，养护龄期为 1d 时，单掺粉煤灰、矿粉的抗压强度可达到 31.2MPa。

通过上述分析可知，使用各种类型的早强剂来制备免蒸养混凝土可以提高混凝土的早期强度，但是许多早强剂有着使用复杂、影响混凝土的耐久性、成本高等问题。

1.2 混凝土早强剂研究现状

基于上述分析可知，研究人员大多采用早强剂制备免蒸养混凝土制品。混凝土早强剂是一种通过加速水泥水化速度来提高混凝土早期强度，且不影响混凝土后期强度的混凝土外加剂。混凝土早强剂最开始多用于冬季或者紧急工程抢修。目前，其已被广泛用于各种类型混凝土。早强剂主要有以下几类：氯盐类早强剂、硫酸盐类早强剂、有机物类早强剂、复合型早强剂、早强型聚羧酸盐高效减水剂以及新型纳米材料早强剂。

氯盐类早强剂包括氯化钙、氯化钠、氯化钾、氯化铝等。其作用机理为：水泥中的铝酸三钙（C_3A）与氯化物反应生成的水化氯铝酸盐不溶于水，能够促进 C_3A 水化。同时，氯化物易溶于水，带来的盐效应会加大水泥中矿物的溶解度，加快水泥中其他矿物的水化反应速率，从而缩短水泥混凝土的凝结、硬化时间。冷达等[15]研究发现掺 1% 氯化钙可以使灌浆料 1d 抗压强度从 11.4MPa 提高到 23.1MPa。但是氯盐早强剂会导致混凝土中氯离子含量提高，使混凝土中的钢筋发生锈蚀。因此氯盐类早强剂适用于素混凝土[16,17]。

硫酸盐类早强剂包括硫酸钠、硫酸钙、硫酸铝和硫酸铝钾等，其作用机理为：硫酸盐是强电解质，能提高水泥浆体中的离子浓度，促进水泥水化。硫铝酸钙晶体在成长过程中相互交叉搭接，形成水泥初期骨架。同时水化硅酸钙 C-S-H 凝胶和其它水化产物不断填充固化，提高水泥的早期强度。赵勇等[18] 发现掺入 2.5% 的硫酸钠早强剂后，混凝土的初凝时间减少了 74min，终凝时间减少了 81min。但是由于钾离子和钠离子不参与水泥水化过程，钠盐或钾盐很容易在混凝土失水干燥后从表面析出，易造成混凝土表层开裂。

有机物类早强剂包括三乙醇胺、甲酸钙、三异丙醇胺、甲醇、乙醇和尿素等。谢兴建等[19]发现三乙醇胺可以缩短混凝土终凝时间 30min 以上，同时提高混凝土抗压强度 6～9MPa。刘治华等[20]研究发现三乙醇胺掺量为 0.03％时，水泥净浆 12h 的抗压强度增加了 13.8MPa。许凤桐等[21]研究发现甲酸钙掺量为 2.5％时，砂浆 3d 强度增加 8MPa。Heikal 等[22]研究发现甲酸钙掺量为 0.5％时，水泥净浆 1d 的抗压强度提高了 10MPa，且后期强度也有所提高。有机物类早强剂虽然不会对混凝土造成伤害，但是由于反应复杂，用量不好控制，而且成本往往较高。

复合型早强剂由氯盐类早强剂、硫酸盐类早强剂和有机物类早强剂等复合而成。周飞飞[12]复合了甲酸钙、三乙醇胺和甲醇早强剂，制备出的 C30 混凝土 1d 抗压强度由 13.6MPa 提高至 16.1MPa。成燕燕[23]用氯盐、三乙醇胺和纳米二氧化硅按照质量比 6∶4∶6 组成复合早强剂，掺量为 6％时预制构件混凝土在低温下 24h 抗压强度为 12.8MPa。虽然复合早强剂可以很好地发挥其早强作用，但是其对混凝土早期强度的提高仍然有限。

早强型聚羧酸盐高效减水剂：张钰等[8]研制了早强型聚羧酸高效减水剂 PC-Z，相比于普通聚羧酸高效减水剂，混凝土 1d 抗压强度可以提高 42％。陈凯[9]用丙烯酸系聚羧酸减水剂制备免蒸养混凝土，12h 脱模强度可以达到 23.5MPa，同时其抗氯离子性能和干缩性能均满足混凝土的设计要求。乔敏等[24] 研制了超长侧链梳形聚羧酸减水剂 PCA-O，在掺量为 0.2％时，16h 的砂浆强度可以达到 25.1MPa。顾越等[25] 制得了具有较长聚氧乙烯基侧链的聚羧酸减水剂 PCA-d，掺量为 0.2％时，1d 的抗压强度提高了 11.1MPa。李崇智等[26] 引入磺酸基、酰胺基等基团合成了早强型聚羧酸系减水剂 BTC300，C80 混凝土 1d 抗压强度可以提高 50％。杜钦[27] 开发的早强型聚羧酸减水剂掺量为 0.16％时，1d 抗压强度提高了 83％。邵琪[28] 用超早强聚羧酸减水剂 PC-Z 制备的混凝土，其 1d 抗压强度可以提高 11.7MPa。

新型纳米材料早强剂主要包括纳米 SiO_2、纳米 C-S-H（纳米硅酸钙，n-C-S-H）等。纳米技术的最新进展给传统水泥工业带来了技术创新和产业转型。用纳米材料开发性能优良的新型水泥基材料似乎成为现代水泥基材料的发展方向[29]。Qing 等[30] 研究发现当纳米 SiO_2 掺量为 3％时，砂浆 1d、3d、28d 的抗压强度可以提高 6％、35％、23％。Stefanidou 等[31] 采用比表面积为 $200m^2/g$ 的纳米 SiO_2，当掺量为 0.5％时，3d 的抗压强度提高了 50％。Hou 等[32] 将纳米 SiO_2 加入水泥-粉煤灰体系浆体，当掺量为 5％时，3d 的抗压强度提高了 16％。张朝阳[33] 等发现纳米 C-S-H 能够明显提高混凝土早期抗压强度。然而，由于纳米粒子的比表面积和表面能大，纳米颗粒容易结块，大大降低了它们在水泥基材料中的作用效率[34]。因此，使用分散剂，特别是高效减水剂，是改善纳米颗粒在水泥基材料中分散性能的常见方法[35]。

综上所述，氯盐类早强剂会导致混凝土中氯离子含量提高，使混凝土内部钢筋发生锈蚀。硫酸盐类早强剂由于钾离子和钠离子不参与水泥水化过程，钠盐或钾盐很容易在混凝土失水干燥后从表面析出，易造成混凝土表层开裂。有机物类早强剂虽然不会对混凝土造成伤害，但是由于反应复杂，用量不好控制，而且成本往往较高。复合早强剂可以很好地发挥其早强的作用，但是其对混凝土早期强度的提高仍然有限。而早强型聚羧酸盐高效减水剂和新型纳米材料早强剂应用效果较好。

1.3　纳米早强剂研究现状

纳米材料和纳米技术的发展已经为混凝土行业带来巨大的益处[36]。人工合成的纳米 C-S-H 是一种新兴的纳米材料，它通过提高水泥基材料的化学反应速率，大幅度增强混凝土构件的早期抗压强度。Nicoleau 等[37] 研究发现，养护龄期为 10h 和 1d 时，相对于基准组，掺加 0.3% 的纳米 C-S-H 后，砂浆强度提高了 303% 和 56%。Thomas 等[38] 研究发现，对于水泥净浆体系，较低浓度（如 0.25%）的纳米 C-S-H 可明显使硅酸三钙（C_3S）的水化放热峰提前，加速水化速率，从而缩短水泥净浆的凝结时间。Szostak 等[39] 研究发现，对于胶凝材料体系，4%的纳米 C-S-H 为水化产物 C-S-H 成核提供更多的生长点，阻止水化产物在熟料颗粒上成核生长，提高 C_3S 的溶解速率，从而促进矿物掺合料的二次水化反应，使水泥净浆的 8h 强度提高了近三倍。然而，由于纳米 C-S-H 具有较高的不稳定性和较大的表观密度，分子之间容易发生聚合，一定程度上降低了该材料的早强效果，因此，国内外学者纷纷研究应用哪种分散剂以减少该现象的发生。

黄健恒[40] 研究发现，将具有合适侧链长度和羧酸比的分散剂 PCE 插层到纳米 C-S-H 层间中，可使合成的纳米 C-S-H-PCE 粒径更小，早强效果更好，12h 水泥浆体的抗压强度达到了 12MPa 以上。Shen 等[41] 在 PCE 溶液中，从 $Na_2SiO_3 \cdot 9H_2O$ 和 $Ca(NO_3)_2 \cdot 4H_2O$ 中沉淀出 C-S-H，并制备出 (C-S-H)/PCE 纳米复合材料，并发现当 PCE 共聚物用量达到 30%时，早期强度增强效果最高，早期抗折强度提高了 100%，早期抗压强度提高了 120%。Xu 等[42] 研究发现，纳米 C-S-H-PCE 可以促进 Friedel 盐的形成，当掺量为 2%时，可显著增强砂浆的强度。Sun 等[43] 研究发现，PCE 聚合物部分聚合在 C-S-H 的表面，部分嵌入到 C-S-H 层间区域，增加了 C-S-H 之间的距离，即使较低的 C-S-H-PCE 含量，也可显著促进水泥的水化过程；0.6%（质量百分比）的 C-S-H-PCE 提高抗压强度约 19%，且 3d 后，总孔隙率降低

25.77%。另外，Sun[44] 还研究发现，C-S-H-PCE（PC）不仅加速早期水泥水化过程，而且还促进偏高岭土（MK）与氢氧化钙的火山灰反应，该协同效应使 PC-MK 具有更致密的微观结构和精细的孔隙结构，从而有助于进一步提高抗压强度。Kanchanason 等[45] 研究发现 C-S-H-PCE 增加了早期强度（0～24h），并促进煅烧黏土水泥中半碳铝酸盐的形成。研究由纳米 C-S-H 材料逐步进展到纳米 C-S-H-PCE 材料，早强型纳米材料的研究实现新的技术突破。然而，大部分研究仅仅涉及了纳米 C-S-H-PCE 对胶凝材料体系抗压强度的影响及机理，对于混凝土自收缩变形或者耐久性性能研究较少，缺乏实际应用的相关研究。

Li 等[46] 研究发现，C-S-H 晶种成核显著减小了防水砂浆的干燥收缩，但增加了其化学收缩[47]。这是由于 C-S-H 晶种成核细化了砂浆的孔结构，使毛细孔负压增加，最终导致砂浆的弹性变形和蠕变[48]。相比之下，Wyrzykowski 等[49] 研究发现 C-S-H 增大了砂浆的自收缩。因此纳米 C-S-H-PCE 对水泥基材料体积变形的积极和消极影响存在争议。

1.4 混凝土早期自收缩研究现状

除了由结构损伤、外荷载和环境约束引起的，其他因素引起的混凝土体积变形均可以称为自收缩。由于早强混凝土水泥水化进程快的特性，混凝土内部水分流失速率加快，导致自收缩变形成为早强类混凝土构件的主要收缩形式。据以往研究表明，80%的非荷载裂缝都是由混凝土收缩造成的，混凝土开裂后，有害离子极易流入混凝土内部，导致构件稳定性破坏。因此，混凝土的自收缩研究一直备受国内外研究者的关注。

水泥水化会从根本上导致混凝土自收缩，而水泥中的矿物成分很大程度上影响水泥的水化。在水泥矿物成分中，铝酸三钙水化最快，铁铝酸四钙次之，而硅酸二钙、硅酸三钙水化最慢。水化速度越快，水化热释放得越早，水化得越充分。因此，水化速率快的水泥如早强水泥、硫铝酸盐水泥等，其自收缩均较大。Tazawa 等[50]发现，研究水泥的化学组成能够预测其自收缩变形，C_3S 和 C_3A 化学反应速率快，生成较多热量，会导致胶凝材料体系内外温度不一致，从而使结构生成微裂纹。水泥化学成分中对混凝土自收缩影响最大的是 C_3A，且混凝土中含量较高的是 C_3A 和 C_3S，从而引发更大的自收缩。Bentz[51] 研究发现，波兰特水泥的细度越高，反应速率越快，产生的自收缩越大。

Lee[52] 研究发现，与普通混凝土相比，掺入矿渣粉会增大混凝土的自收缩。而 Huang[53] 研究发现，当使用磨碎的矿渣，混凝土会发生膨胀现象。由此可知，矿粉对混凝土自收缩的影响还存在较大的争议。王雪莲[54]研究发现，相对于基准组，掺加 20%的粉煤灰能降低一半的自收缩，而掺加 40％仅降低 1/10。Meyers[55] 研究发现，粉煤灰细度和掺量的增加会进一步降低混凝土的自收缩并延长初始开裂时间，这可能是因为粉煤灰活性较低，通过稀释作用增加了有效的水胶比，从而减少了早期自收缩。然而，丁庆军[56] 研究发现，当粉煤灰掺量为 10％时，一部分试件自收缩变小，另一部分试件自收缩变大。这说明粉煤灰对具有低水胶比的高强混凝土自收缩的影响仍然存在较大争议。Wang 等[57] 利用分段螺旋测微计测试了超低水胶比混凝土自收缩，结果表明，当水胶比（W/B）大于 0.25 时，增加 W/B，自收缩降低；相反，当 W/B 小于 0.25，增加 W/B，自收缩增大。

自收缩还受后期养护条件（温度、湿度等）、外加剂的品种和掺量、试验方法等因素的影响。如：后期密闭养护的混凝土比暴露在空气中的自收缩要小；在混凝土中适量地加入膨胀剂或减缩剂也可以减小混凝土的自收缩；混凝土预湿处理的方法可阻止混凝土内部相对湿度降低，降低毛细管张力，进而减小自收缩的效果。

综上所述，大部分学者只是在宏观层次上对混凝土自收缩性能进行研究，并且对粉煤灰、矿粉、复掺粉煤灰和矿粉以及水胶比对高强混凝土自收缩变形性能的影响的研究仍很不充分，还需进一步探究。

（1）主要的自收缩理论

早强高强混凝土由早期自收缩变形导致的结构破坏现象会越来越严重，如果较早发现或预测混凝土的自收缩变形，将会减少破坏的发生。然而现在混凝土种类繁多，外加剂、矿物掺合料以及养护环境均会不同程度地导致混凝土发生自收缩开裂现象。因此，亟需一种使各因素不相互矛盾，能准确预测混凝土自收缩发展趋势的计算模型，而不能仅凭借单一因素（如龄期）来预测自收缩。目前，国内外提到的收缩理论主要包括以下几种。

① 毛细管张力理论[58,59]：该理论阐述的是系统内部非饱和孔中弯液面气相与液相之间的压力值差。当水泥基材料内部相对湿度 RH 低于 45% 时，该理论在收缩机理方面占主导地位。

② 表面能张力理论[60]：该理论阐述的是胶凝材料颗粒表面张力的变化。当水泥基材料相对湿度 RH 较高时，颗粒表面张力对收缩影响较小，所以它并不是解释早期收缩发生的主要理论。

③ 层间水迁移理论[61]：该理论阐述的是随着水泥水化过程的进行，水化产物之间会产生层间相，生成湿度梯度，使水化产物脱水，从而导致发生收缩。但是，该现象主要发生在相对湿度 RH 低于 11% 的情况下，并不适用于解释早期的收缩变形。

④ 分离压力理论[62,63]：该理论阐述的是两颗粒表面

的相互作用力，主要与吉布斯能总和相关。该理论用于解释收缩变形还存在较大争议。

（2）常见的自收缩模型

根据上述收缩变形理论，国内外学者为自收缩模型的建立和完善提供了有力的科学依据，被熟知的模型包括以下几种。

① 王铁梦模型：王铁梦通过集合大量的试验数据，总结出一种经验模型，如公式（1-1）所示[64]：

$$\varepsilon(t) = 3.24 \times 10^{-4} \times (1 - e^{-0.01t}) \cdot M_1 \cdot M_2 \cdots M_n$$

（1-1）

式中　$M_1, M_2, \cdots, M_n$——各种试验情况下可变的修正参数；

t——龄期，d。

② 湿度线性关系模型：蒋正武等[65,66]研究发现，相对湿度 RH 和自收缩变形具有较大的相关性，最终得出的计算模型如公式（1-2）所示：

$$\varepsilon_S = m \cdot RH + n \qquad (1\text{-}2)$$

式中　ε_S——自收缩变形；

m，n——常数。

③ Hua 模型：Hua 等[67] 通过徐变函数式来表征混凝土的自收缩变形，如公式（1-3）所示。然而，该公式不适于预测低水胶比混凝土的自收缩。

$$\varepsilon(t) = \int_0^t J(t, t')(1 - 2\nu) d \sum{}^s(t')$$

$$\sum {}^{s}(t') = P_c \cdot P = \left(-\frac{2\gamma}{r}\right) \cdot P \qquad (1\text{-}3)$$

式中　　t——龄期，d；

　　　　t'——t 的导数；

　　　　ν——泊松比；

　　$\sum {}^{s}(t')$——结构的宏观压力，N；

　　　　γ——物质的湿润势能，mN/mm；

　　　　r——弯液面孔半径，nm；

　　　　P_c——毛细管应力，N；

　　　　P——孔隙率。

④ 自、干燥收缩两用模型：该模型基于毛细管张力理论，以相对湿度变化为内因，适用于预测多种类型混凝土的自收缩发展趋势，如公式（1-4）所示[68,69]：

当 RH＝100％时　$\varepsilon = 1 - [1 - k_1 E^{k_2} \cdot (V_{cs} - V_0)]^{(1/3)}$

当 RH＜100％时　$\varepsilon = \left(\frac{1}{K_T} + \frac{1}{K_S}\right) \ln(RH)$

$$(1\text{-}4)$$

式中　　k_1，k_2——常数；

　　　　E——弹性模量，GPa；

　　　　V_{cs}——化学缩减；

　　　　V_0——凝结时的化学缩减；

　　K_T，K_S——与弹性模量相关的函数。

⑤ Ishida 模型：Ishida 基于混凝土孔中水的物理力学特性提出了自收缩预测模型。模型认为毛细孔张力是

混凝土自收缩的主要驱动因素。材料力学性能随时间的变化可通过分析水化、水分迁移、孔结构发展的共同作用得出。

孔被分为三类：层间孔隙（孔径分布 ϕ_1）、凝胶孔隙（孔径分布 ϕ_g）、毛细孔隙（孔径分布 ϕ_c），模型中孔径的分布用公式（1-5）表示：

$$\phi(r) = \phi_1 + \phi_g(1 - e^{-B_g r}) + \phi_c(1 - e^{-B_c r}) \qquad (1\text{-}5)$$

式中　r——孔径，mm；

B_g，B_c——分布参数。

B_g、B_c 对应的是孔径分布对数曲线上的两个峰值点。层间水的吸附-解吸附特征是基于 Feldman-Sereda 层间水模型得到的。

模型中，毛细孔应力的计算引入了面积系数 A_s（定义为单位体积内的含水量）。毛细孔应力 σ_s 由公式（1-6）得到：

$$\sigma_s = A_s \frac{2\gamma}{r_s} \qquad (1\text{-}6)$$

式中　σ_s——考虑面积系数的毛细孔应力，N/mm^2；

r_s——单位体积内的孔半径，mm。

混凝土的力学性能在早期是非线性的。在模型中，笔者引入了有效弹性模量（E_s）来用于计算宏观的自收缩变形 ε_{sh}：

$$\varepsilon_{sh} = \frac{\sigma_s}{E_s} \qquad (1\text{-}7)$$

综合上述，目前对于自收缩的机理，研究者尚未达成统一，仍有待进一步研究与探讨。大多数研究者认为相对湿度超过 45％时的自收缩可用毛细孔张力机理来解释，而相对湿度低于 45％时的自收缩变形则可以用层间水的移动来解释。目前尚无适用性广泛的能够精确描述混凝土早期自收缩的模型。

第 2 章

纳米 C-S-H-PCE 早强剂对
水泥水化及微结构的影响

　　纳米材料具有尺寸成核效应、化学反应活性和填充效应等，在水泥基材料中的应用日益广泛，对调节水泥基材料的水化进程、优化和改善硬化水泥浆体的微结构、提升水泥基材料的耐久性能起到了积极的作用。本章主要通过凝结时间、净浆强度、电导率、扫描电子显微（SEM）图像、傅里叶红外吸收光谱（FTIR）等，阐明纳米 C-S-H-PCE（纳米硅酸钙-聚羧酸醚复合材料）对水泥浆体微结构形成过程的影响及其作用机理。

2.1　原材料与水泥净浆配合比

（1）水泥

　　采用的水泥为 P.Ⅰ 42.5 硅酸盐水泥（基准水泥），其化学组成如表 2-1 所示。

表 2-1　基准水泥的化学成分　　单位：%

成分	含量
SiO_2	19.95
Al_2O_3	4.83
Fe_2O_3	2.93
CaO	65.71
MgO	2.95
SO_3	2.28
Na_2O	0.21
K_2O	0.81
TiO_2	0.36

（2）水

采用的拌合水为实验室自来水；其中电导率测试用的水为去离子水。

（3）早强剂

纳米 C-S-H-PCE 早强剂是将人工合成的水化硅酸钙（C-S-H）分散到减水剂 PCE 中制备而成的，由江苏苏博特新材料股份有限公司提供。人工合成 C-S-H 的钙硅比为 1.2，且粒径在 50～100 nm，PCE 中的酸醚比为1.2～2.0。该早强剂为乳白色液体，固含量为 12%，减水率为 6%。

水泥净浆配合比如表 2-2 所示。水泥净浆水灰比为0.4，加入纳米 C-S-H-PCE 后，应减掉相同质量的水。

表 2-2 水泥净浆配合比

编号	水泥/g	水/g	纳米 C-S-H-PCE/g	n-C-S-H-PCE 含量/%
Z-0%	500	200.0	0	0
Z-1.5%	500	192.5	7.5	1.5
Z-3.0%	500	185.0	15.0	3.0
Z-4.5%	500	177.5	22.5	4.5

2.2 试验方法

2.2.1 凝结时间的测定

当水加入到水泥中搅拌后将发生剧烈的水化反应，组成水泥的矿物在水中溶解并释放各种离子形成水泥浆体。水泥浆中自由水减少，离子浓度增加，降低了水泥浆的润滑作用。各种水化产物不断析出生成大量固体颗粒并相互搭接，使得浆体塑性变小，硬度提高，水泥浆体的这种状态转变过程称为凝结过程，转变过程对应的时间为凝结时间。

水泥浆体的凝结时间参照国家标准《水泥标准稠度用水量、凝结时间、安定性检验方法》（GB/T 1346—2011）进行测定。将制备好的水泥净浆试件放入湿气养护箱中养护，试件加水后 30min 用维卡仪进行第一次初凝时间测定，临近初凝时每 5min 测定一次，当试针沉至距地板 4mm 时，水泥达到初凝状态。自加水开始至形成初凝状态的时间为水泥的初凝时间。初凝后，将试件翻转180°，再放入湿气养护箱中养护，临近终凝时间时每隔15min（或更短时间）测定一次，当试针沉入试件 0.5mm时，即环形附件开始不能在试件上留下痕迹时，水泥达到终凝状态。自加水至形成终凝状态的时间为水泥的终凝时间。

2.2.2　抗压强度

水泥胶砂强度采用无锡市建筑材料仪器机械厂生产的压力试验机测定抗压强度。首先按照《水泥胶砂强度检验方法（ISO 法）》（GB/T 17671—2021）成型 40mm×40mm×160mm 的棱柱体试件，然后置于标准养护室养护至 12h 后脱模养护，当试件养护至 12h 和 24h时，取出试件并擦干表面水分，参照《水泥胶砂强度检验方法（ISO 法）》（GB/T 17671—2021）测试其抗压强度。

2.2.3　电导率

水泥浆体的水化是一个复杂的物理和化学过程，其电导率随水化进行而发生变化。当水泥与水混合时，水泥中的矿物在水中溶解并释放出 Ca^{2+}、OH^- 和 SO_4^{2-} 等离子，形成了电解质悬浮溶液。随着电解质悬浮液中离子浓度的提高，水泥浆体悬浮液的电导率也随之提高[70]。而水泥浆体悬浮液中钙离子浓度和硅酸根离子浓度的高低决定了水泥水化产物 C-S-H（水化硅酸钙）凝胶的形成。因此，电导率可以表征水泥矿物的离子溶出过程，进而反映水泥的早期水化过程。随着水泥的水化，生成 C-S-H 和 Aft（钙矾石）等水化产物，水泥浆体中的电导率也随之降低[71,72]。本试验采用水灰比（W/C）为 20 的水泥悬浮液，防止离子发生沉积。试验采用瑞士梅特勒托利多公司生产的 S230 电导率仪。用去离子水按照表 2-2 配制不同纳米 C-S-H-PCE 掺量的水泥浆体悬浮液，通过电导率仪每 1.5min 记录一次溶液电导率。

2.2.4　化学结合水

水泥浆体硬化过程中的化学结合水会以 OH⁻ 或中性水分子的形式通过化学键或氢键与其它元素连接，在相同的温度、湿度养护条件下，硬化水泥浆体中的结合水含量越多，水泥的水化产物则越多，水化程度也随之提高。因此，可以通过化学结合水的含量来反映水泥浆体的早期水化程度。本试验采用上海九工电器有限公司生产的 JQF1600-50 高温炉进行。为了使烧制更加完全，选择粉末样品进行试验。由于孔隙中的自由水在 100℃ 左右开始蒸发，为了避免与化学结合水的重复，选择 105℃ 作为化学结合水的起始温度，根据公式计算得到 105~1050℃ 温度区间下浆体的化学结合水含量。

　　将制备好的浆体密封进行标准养护，待样品达到 12h 和 24h 龄期后取出，小心敲碎后浸入无水乙醇中止水化，置换结束后拿出烘干，放入 40℃ 的真空干燥箱烘干至恒重，取出后用玛瑙研钵磨细，过 80μm 筛。

　　将坩埚和样品放入 105℃ 的烘箱至恒重，去除自由水，然后精确称量 1.000g 的样品，每组配比称三份，装入坩埚中，将样品置于高温炉中以 10℃/min 的升温速率升至 1050℃，并在此温度下恒温 6h。在干燥皿中冷却至常温后称量烧后的重量，结果取平均值。化学结合水量按照式（2-1）和式（2-2）计算：

$$W_1 = \frac{m_0 - m_1}{m_1} \times 100\% \tag{2-1}$$

$$Q = \frac{W_1 - W_0}{1 - W_0} \times 100\% \tag{2-2}$$

式中　W_1——水化样的烧失量，%；

　　　m_0——烧前试样的质量，g；

　　　m_1——烧后试样的质量，g；

　　　Q——化学结合水的生成量，%；

　　　W_0——未水化试样的烧失量，%。

2.2.5　傅里叶红外光谱（FTIR）

　　水泥水化过程中，水泥中的熟料等物质与水和外加剂相遇后，会有旧物质的分解以及新物质的生成，从而使水泥浆体获得强度，使其红外光谱发生变化。本试验采用美国 Varian 公司生产的 670-IR 显微红外光谱仪进行试验，用压片法制样，将约 1mg 的水泥浆体粉末和 100 mg 溴化钾粉末在玛瑙研钵中均匀混合，研磨 4～5min，使颗粒尺寸在 2.5～25μm。将粉末放入模具中，放进压力机内，在 10～20MPa 的压力下压数次，即可制成样片，用于红外光谱测试。分别测试纳米 C-S-H-PCE 掺量为 0、1.5%、3.0%、4.5% 时，水泥水化 12h 和 24h 时的红外光谱。

2.2.6　扫描电镜 (SEM)

扫描电子显微镜 (SEM) 常被用来分析材料的微观形貌、物相、反应程度和物相化学成分。其工作原理是：利用电子透镜聚焦电子束对样品进行扫描，使电子束与样品内部原子发生碰撞，用探测器收集碰撞形成的信号形成图片。而在水泥材料的形貌观察及微区成分分析的研究中常用的是电子与样品表面原子激发的二次电子信号，这是由于二次电子信号对电子束和样品表面之间的角度敏感，能够反映出样品的表面形貌。本试验采用日本日立公司生产的 S-4800 Ⅱ 场发射扫描电镜进行试验，最高放大倍数 80 万倍，分辨率 1.0 nm。按照表 2-2 制备水泥浆体，养护至 12h 和 24h 后取样，用无水乙醇终止水化，置于 40～50℃烘箱中烘干至恒重待测。

2.2.7　低场核磁

低场核磁共振（LF-NMR）是一种快速测试岩石物理参数的新技术。它具有测试速度快、操作简单、对岩心无损伤、无污染、储层物性参数获取快等优点，为评价储层孔隙结构提供了一种新的方法。本节利用该技术得到了水泥浆体养护龄期为 12h 的孔隙分布特征。试验开始前，将粉碎的样品浸泡在无水乙醇中静置 7d 以结束其水化过程，然后在（50±2）℃的烘箱中干燥 3d。核磁共振试验期间，仪器的磁场强度设置为 0.42T，磁体频率设置为 18MHz，磁体温度保持在（32.00±0.02）℃，实验室内的温度通过空调和其它设备控制在（20±1）℃。将样品置于直径为 25mm、长度为 200mm 的圆柱形玻璃管中进行测试。通过自由感应衰减序列校准标准油样获得 RF 信号的频率偏差（O1）和 90°脉冲宽度（P1）。通过 Can-Purcell-Meiborm-Gill 脉冲序列（π/2-τ-NECHπ，半回波时间 τ 为 180s，NECH 为 500）获得样品的横向弛豫时间（T_2）。由于该技术的弛豫时间较短，自由水的松弛可以忽略。假设孔隙是均匀的圆柱形，水泥浆中的孔径 d（nm）可根据公式（2-3）计算。

$$d = 4\rho_2 T_2 \tag{2-3}$$

式中　ρ_2——表面松弛度，取 12 nm/ms；

T_2——孔隙水的弛豫时间，ms。

2.3　对水泥凝结时间和砂浆抗压强度的影响

2.3.1　凝结时间

当水泥与水混合之后，水泥水化反应立刻在水泥颗粒表面发生，生成胶体状水化产物，随着胶体状水化产物不断增多，浆体逐渐失去流动性，水泥达到初凝状态，随着水化反应的持续进行，水泥浆体的微结构初步形成，并开始产生结构强度，即为终凝。水泥凝结时间与水泥早期水化过程密切相关，而纳米 C-S-H-PCE 的掺入可能会影响水泥水化进程和早期微结构的形成，进而影响水泥浆体的凝结时间。因此，首先研究纳米 C-S-H-PCE 对凝结时间的影响。

图 2-1 所示为不同纳米 C-S-H-PCE 掺量下水泥浆体的凝结时间。从图中可以看出，当纳米 C-S-H-PCE 的掺量为 0 时，其初凝时间和终凝时间最长，掺入纳米 C-S-H-PCE 后，水泥浆体的初凝时间和终凝时间都随之缩短。当纳米 C-S-H-PCE 掺量分别为 1.5%、3.0%、4.5% 时，其初凝时间分别缩短 23min、34min、48min，终凝时间分别缩短了 45min、63min、72min。可以看出纳米 C-S-H-PCE 掺量越多，初凝时间和终凝时间缩短得越多。说明纳米 C-S-H-PCE 可以促进水泥的早期水化，

使水泥的水化产物更早地析出，促进水泥水化早期微结构的快速形成。

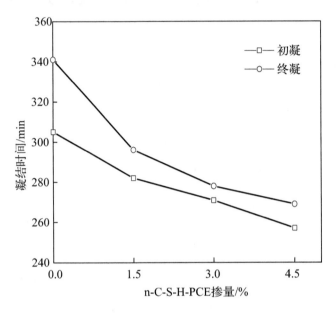

图 2-1　纳米 C-S-H-PCE 掺量对水泥浆体凝结时间的影响

2.3.2　抗压强度

　　抗压强度是水泥基材料的重要性能之一，主要取决于水泥水化产物和浆体的微结构；而水泥水化产物和浆体的微结构都与水泥的水化过程密切相关。因此，水泥砂浆的抗压强度可以直接反映水泥的水化程度。纳米 C-S-H-PCE 掺量对水泥砂浆抗压强度的影响如图 2-2、表 2-3 所示。从图中可以看出：掺入纳米 C-S-H-PCE 可以明显提高水泥砂浆的 12h 强度。当纳米 C-S-H-PCE 的掺量为 1.5%、3.0% 和 4.5% 时，12h 的强度分别提高了 155%、186% 和 202%。当龄期达到 24h 时，从图中可以看出，掺入纳米 C-S-H-PCE 后仍然可以提高其强度，当纳米 C-S-H-PCE 掺量为 1.5%、3.0%、4.5% 时，24h 的强度分别提高了 12%、6%、7%。但与不掺 C-S-H-PCE 的基准砂浆对比，其强度增幅相对较小。上述结果表明：纳米 S-C-H-PCE 的作用主要表现在可以显著促进水泥的早期水化过程，加速水泥浆体早期微结构的形成，从而显著提高水泥砂浆 12h 的早期强度。

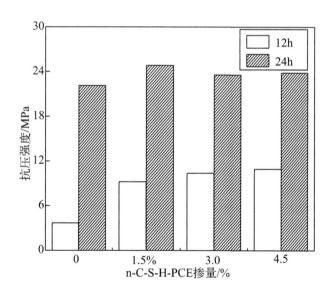

图 2-2　纳米 C-S-H-PCE 掺量对水泥浆体抗压强度的影响

表 2-3　不同纳米 C-S-H-PCE 掺量下水泥的抗压强度

龄期 /h	Z-0%		Z-1.5%		Z-3.0%		Z-4.5%	
	抗压强度 /MPa	抗压强度提高率 /%	抗压强度 /MPa	抗压强度提高率 /%	抗压强度 /MPa	抗压强度提高率 /%	抗压强度 /MPa	抗压强度提高率 /%
12	3.6	100	9.2	255	10.3	286	10.9	302
24	22.1	100	24.8	112	23.5	106	23.8	107

2.4　对水泥悬浮液电导率的影响

　　当水泥与水混合时，水泥中的矿物会在水中溶解并释放出 Ca^{2+}、OH^- 和 SO_4^{2-} 等离子。因此，可将水泥悬浮液看作电解质溶液。随着水泥矿物的逐渐溶解，水泥悬浮液中离子浓度逐渐提高，从而导致水泥悬浮液的电导率也随之提高，而水泥悬浮液的离子浓度与水化产物的形成密切相关。因此，通过研究纳米 C-S-H-PCE 对水泥悬浮液电导率的影响，可以反映纳米 C-S-H-PCE 对水泥水化的影响。为了防止离子沉积对电导率的影响，试验采用水灰比（W/C）为 20 的水泥悬浮液。试验中采用的是去离子水，去离子水的电导率大约为 $10\mu S/cm$，对水泥悬浮液电导率的影响较小，可以忽略，即水泥悬浮液电导率的变化主要是由水泥矿物溶解所释放的离子决定的。

　　纳米 C-S-H-PCE 对水泥悬浮液电导率的影响如图 2-3 所示。从图中可以看出，在前 30min 内，加入纳米 C-S-H-PCE 后，水泥悬浮液的电导率迅速增加，说明纳米 C-S-H-PCE 的掺入可以促进水泥颗粒的迅速溶解，这主要是由于高 W/C 导致初始阶段水泥悬浮液中的离子浓度相对较低[73,74]。此外，水泥悬浮液的电导率从 $2746\mu S/cm$ 增加到 $3127\mu S/cm$，对应于纳米 C-S-H-PCE 剂量从 0 增加到 4.5%，这可能是由于纳米 C-S-H-PCE 本身引入了额外的 Ca^{2+}[75]。从 30min 到 300min 左右，随着纳米 C-S-H-PCE 掺量的增加，水泥悬浮液的电导率迅速提高，说明纳米 C-S-H-PCE 可以加速离子的溶出，进而加速水泥的早期水化。

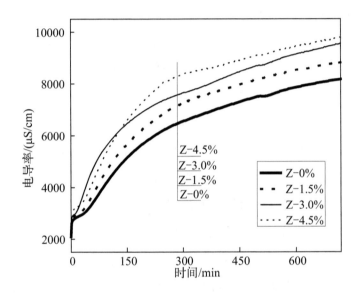

图 2-3 纳米 C-S-H-PCE 对水泥悬浮液电导率的影响

纳米 C-S-H-PCE 加速水泥早期的离子溶出，进而促进水泥的水化过程，其主要原因可以归结如下。

① 由于纳米 C-S-H-PCE 的颗粒细小，能够为 C-S-H 凝胶的形成提供晶核，促使溶液中离子向纳米 C-S-H-PCE 表面聚集，降低了溶液中离子的浓度，进而促进水泥颗粒中离子的溶出。

② 由于纳米 C-S-H-PCE 能够为 C-S-H 凝胶的形成

提供晶核，降低了 C-S-H 凝胶成核的离子临界浓度 K_{sp} 值，使水泥浆体中的钙离子和硅酸根离子向纳米 C-S-H-PCE 的表面聚集，促进了 C-S-H 凝胶的形成和钙离子、硅酸根离子的溶出。由于 C-S-H 凝胶的形成缩短了水泥水化的诱导期，进而缩短了水泥浆体的凝结时间。而 C-S-H 凝胶是强度的主要来源，所以纳米 C-S-H-PCE 可以提高其早期强度。

2.5　对水泥浆体化学结合水的影响

水泥浆体中的水有不同的存在形式，如结晶水、吸附水、自由水等。结晶水指的是参与水化产物构成的水，因而又称为化学结合水。化学结合水通常以 OH^- 状态存在或由氢键与其他元素相结合。水泥浆体化学结合水是指水泥水化时与水发生化学结合的水，是水泥水化产物的组成部分。水泥浆体化学结合水越多，则表明水泥水化产物越多。本试验通过测定纳米 C-S-H-PCE 对水泥浆体化学结合水的影响，进而探究纳米 C-S-H-PCE 对水泥水化产物和水化程度的影响。

纳米 C-S-H-PCE 对水泥浆体化学结合水的影响如图 2-4 所示。从图中可以看出，纳米 C-S-H-PCE 的掺入可以明显提高水泥浆体 12h 化学结合水的含量，当纳米 C-S-H-PCE 产量为 1.5%、3.0%、4.5% 时，水泥浆体 12h

化学结合水的含量分别提高了 25%、55%、106%。当龄期达到 24h 时，纳米 C-S-H-PCE 仍然可以提高水泥浆体化学结合水的含量，当纳米 C-S-H-PCE 产量为 1.5%、3.0%、4.5%时，水泥浆体 24h 化学结合水的含量分别提高了 26%、37%、59%。综上所述可以说明，纳米 C-S-H-PCE 可以提高水泥浆体早期化学结合水的含量，即促进水泥浆体早期水化产物的形成，从而提高早期强度。

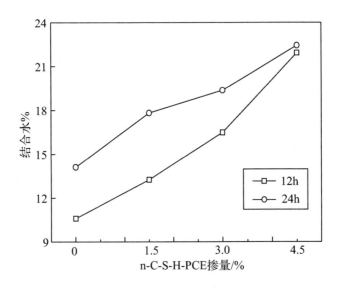

图 2-4　纳米 C-S-H-PCE 对水泥浆体化学结合水的影响

2.6　对水泥浆体红外光谱的影响

水泥水化过程中，水泥中的熟料等物质与水相遇后，会有旧物质的分解以及新物质的生成，在这个过程中，使其红外光谱测试其出现的吸收带位置、强度和形状。通过分析材料中分子的振动类型，可以确定各种振动吸收峰，综合红外光谱测试结果，可最终推断出物质结构。C-S-H 凝胶是水泥水化的主要产物之一，是水泥基材料强度的重要来源，由于 C-S-H 凝胶是一种由硅氧四面体通过桥氧相互联结而成的无定形结构，其微观结构与硅氧四面体所处的化学环境密切相关，故研究硅氧四面体化学环境的变化可以反映 C-S-H 凝胶的微观结构。本试验通过研究纳米 C-S-H-PCE 对红外光谱中 C-S-H 凝胶硅氧四面体通过桥氧联结键的影响来分析其早期水化产物。

不同掺量纳米 C-S-H-PCE 下水泥浆体的红外光谱如图 2-5 所示，从图中可以看出，在 $966cm^{-1}$ 的峰为硅酸盐中 Q^2（与两个独立的硅氧四面体相连的硅氧四面体）的 Si—O 伸缩振动峰。在 $1417cm^{-1}$ 处的峰为 $Ca(OH)_2$ 的 C—O 键。从图 2-5 中可以得出以下结论。

① 如图 2-5 所示，掺入纳米 C-S-H-PCE 后，水泥浆体中 Si—O 键所对应的峰值向高波数发生偏移，当纳米 C-S-H-PCE 掺量为 0 时，水泥浆体的 Si—O 键伸缩振动峰的波数 $962cm^{-1}$，而纳米 C-S-H-PCE 掺量为 4.5% 时，水泥浆体的 Si—O 键伸缩振动峰的波数降低为 $966cm^{-1}$。

② 掺入纳米 C-S-H-PCE 后，水泥浆体中对应的 Si—O 键的伸缩振动峰值强度及峰面积增大。随纳米 C-S-H-PCE 掺量的增加，Si—O 键的伸缩振动峰值的强

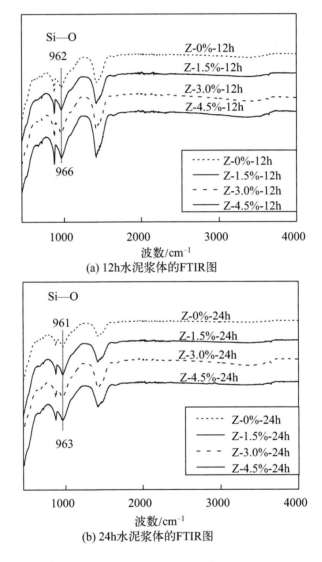

(a) 12h水泥浆体的FTIR图

(b) 24h水泥浆体的FTIR图

图 2-5　水泥浆体的 FTIR 图

度及峰面积增加逐渐变大。已有研究表明，如果 C-S-H 凝胶中的 Si—O 键伸缩振动峰向着更高的波数移动，就表明硅酸盐更多地发生了聚合，由此推断纳米 C-S-H-PCE 可以促进水泥浆体中 C-S-H 凝胶的聚合，并且随纳米 C-S-H-PCE 掺量的增加，C-S-H 凝胶的生成量越来越多，进一步证明了纳米 C-S-H-PCE 可以促进 C-S-H 凝胶的形成，从而提高水泥砂浆的早期强度。

2.7　对水泥浆体微观形貌的影响

扫描电镜（SEM）是观察浆体表面微观形貌的一种重要手段。它放大倍数高，成像清晰、具有立体感，对研究水泥浆体的微观结构有一定的辅助作用。本试验通过研究纳米 C-S-H-PCE 对水泥浆体扫描电镜图的影响，分析纳米 C-S-H-PCE 对水泥浆体早期微观形貌的影响，进一步讨论纳米 C-S-H-PCE 对水泥浆体微结构的影响。

不同纳米 C-S-H-PCE 掺量下水泥浆体水化 12h 后的微观形貌如图 2-6 所示。从图中可以看出，掺入纳米 C-S-H-PCE 后，生成了较多的 C-S-H 凝胶，并且随着纳米 C-S-H-PCE 掺量的增加，生成的 C-S-H 凝胶增加，形成的微结构更致密。所以纳米 C-S-H-PCE 可以促进 C-S-H 凝胶的产生，提高水泥浆体的早期强度。

(a) Z-0%

(b) Z-1.5%

(c) Z-3.0%

(d) Z-4.5%

图 2-6　不同纳米 C-S-H-PCE 掺量下水泥浆体水化 12h 后的微观形貌

不同纳米 C-S-H-PCE 掺量下水泥浆体水化 24h 后的微观形貌如图 2-7 所示。从图中可以看出，掺入纳米 C-S-H-PCE 后，生成的 C-S-H 凝胶相对较多，并且随着纳米 C-S-H-PCE 掺量的增加，生成的 C-S-H 凝胶增加。形成的微结构更致密。所以纳米 C-S-H-PCE 可以促进 C-S-H 凝胶的产生，提高水泥浆体的早期强度。

(a) Z-0%

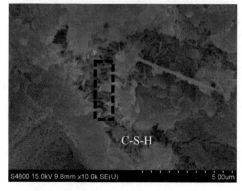

(b) Z-1.5%

图 2-7

(c) Z-3.0%

(d) Z-4.5%

图 2-7　不同纳米 C-S-H-PCE 掺量下水泥浆体水化 24h 后的微观形貌

2.8　对水泥浆体孔结构的影响

　　孔隙结构对于水泥基材料的抗压强度、运输性能及耐久性至关重要。基于上述试验结果，在前 12h 内，纳米 C-S-H-PCE 的掺量越大，水泥水化过程越明显。由此可以推断，水泥浆中的孔隙尺寸将随着水泥水化产物的生成而逐渐减小。因此，通过低场核磁共振（NMR）测试了纳米 C-S-H-PCE 对养护龄期为 12h 的水泥净浆的孔隙结构（包括孔径分布和累积孔隙体积）的影响，分别如图 2-8（a）和图 2-8（b）所示。图 2-8（c）显示了不同尺寸的孔隙比例。

吴中伟院士根据孔隙对水泥基材料抗压强度的影响对孔结构进行了定义[76]，将水泥净浆中的孔隙分为以下四类：Ⅰ型孔隙，为小于 20 nm 的孔隙，为无害孔隙；Ⅱ型孔隙，为 20～50 nm 的孔隙，对抗压强度影响不大；Ⅲ型孔隙，为 50～200 nm 的孔隙，与Ⅱ型孔隙相比，对抗压强度影响较大；Ⅳ型孔隙，为大于 200 nm 的孔隙，对抗压强度影响也较大。由图 2-8（a）所示，Z-0％和 Z-1.5％的水泥浆有两个峰值，右侧的峰值位于约 1000 nm 处，属于严重有害孔隙（Ⅳ型），会对硬化水泥浆的抗压强度产生极大的危害；同时，与 Z-0％水泥浆对应的峰值相比，Z-1.5％水泥浆的峰值向左移动，这说明纳米 C-S-H-PCE 的掺入减少了有害孔隙的尺寸。Z-0％和 Z-1.5％水泥浆的另一个小峰值均位于Ⅲ型孔隙范围内，这是由水泥水化物填充Ⅳ型孔隙形成的。此外，Z-3.0％和 Z-4.5％的水泥浆体曲线中仅出现一个峰值，对应 100 nm 至 200 nm 处的毛细孔隙（Ⅲ型），Z-4.5％的水泥浆的孔隙孔径小于 Z-3.0％的水泥浆。由图 2-8（b）可知，随着

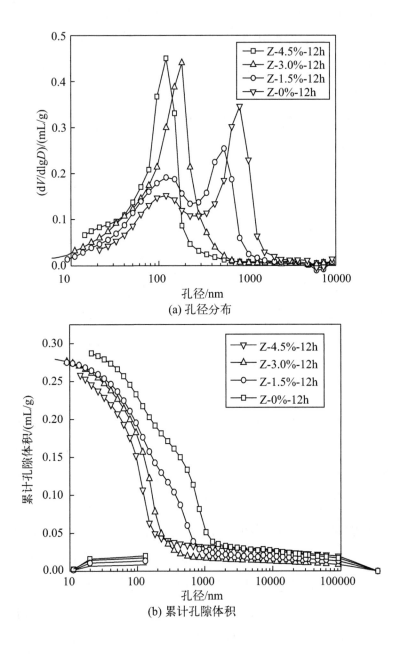

(a) 孔径分布

(b) 累计孔隙体积

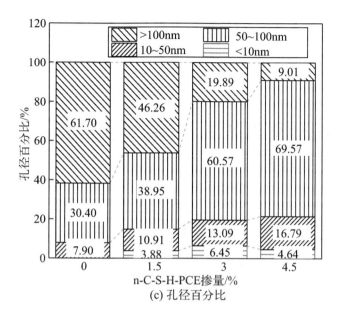

图 2-8　不同纳米 C-S-H-PCE 掺量下水泥浆体的孔径分布

纳米 C-S-H-PCE 掺量的增加，累积孔隙体积显著减少，这说明水泥浆的总孔隙率随着纳米 C-SH-PCE 掺量的增加而大幅下降。

从图 2-8（c）可以看出，随着纳米 C-S-H-PCE 掺量的增加，有害孔隙（包括Ⅲ型和Ⅳ型）的比例逐渐减少，特别是严重有害孔隙（Ⅳ型）的比例显著降低。这表明纳米 C-S-H-PCE 的加入导致了水泥浆内部孔径的细化。此外，随着纳米 C-S-H-PCE 掺量的增加，轻微有害孔隙（Ⅱ型）的比例逐渐增加，与Ⅲ型和Ⅳ型有害孔隙相比，这将对抗压强度产生相对轻微的负面影响。总之，孔的细化和有害孔隙的减少主要是由于纳米 C-S-H-PCE 对早期水泥水化的促进作用，这有助于水泥砂浆在 12h 时抗压强度的快速增长。

2.9 纳米 C-S-H-PCE 对水泥浆体的早强机理

上述结果表明，纳米 C-S-H-PCE 显著加速了水泥的水化进程。通过对上述微观试验结果的总结与分析，笔者得出了 C-S-H-PCE 促进水泥早期水化过程的作用机制。图 2-9 为纳米 C-S-H-PCE 表面离子溶解和沉淀的示意图。基于成核理论，将具有良好分散性的纳米 C-S-H-PCE 均匀分散在水泥净浆中，这促进了水泥体系中离子的沉淀，增加了生成 C-S-H 凝胶等水化产物的额外成核位点。由于纳米 C-S-H-PCE 可直接作为水化产物的成核点，且具有较大的比表面积，导致水泥颗粒释放的离子（包括 Ca^{2+} 和 $H_2SiO_4^{2-}$）优先以相对较低的离子浓度沉淀在纳米 C-S-H-PCE 的表面。言外之意，纳米 C-S-H-PCE 的掺入有利于 C-S-H 凝胶的形成[77,78]。此外，包括 Ca^{2+} 和 $H_2SiO_4^{2-}$ 在内的离子在纳米 C-S-H-PCE 表面的快速沉淀会显著降低临界离子浓度 K_{sp}，促进水泥颗粒的溶解扩散，进而加速 C-S-H 凝胶的形成。因此，随着纳米 C-S-h-PCE 掺量的增加，水泥砂浆的抗压强度在早期（12h）可显著提高。

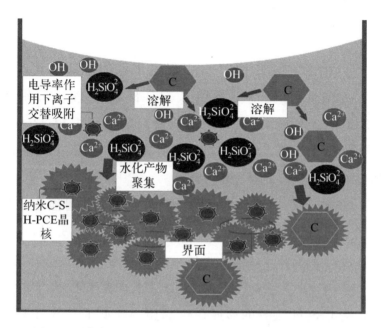

图 2-9　纳米 C-S-H-PCE 表面离子溶解和沉淀示意图

　　然而，随着水泥水化的不断进行，水化产物含量不断增加。由于早期水化阶段离子的快速溶解和沉淀，水泥颗粒表面将被水化产物部分覆盖，这阻碍了水泥颗粒表面进一步释放离子，从而抑制了水化产物的形成。此外，由于纳米 C-S-H-PCE 在水泥浆中具有分散性，使得表面附有大量水化产物的纳米 C-S-H-PCE 晶核相邻或叠加，导致水泥水化产物之间产生大量的相界面。这可能会削弱纳米 C-S-H-PCE 对水泥净浆后期抗压强度发展的促进作用，并产生一些负面影响。

2.10　本章小结

① 纳米 C-S-H-PCE 可以促进水泥的早期水化，使水泥水化时间提前。当纳米 C-S-H-PCE 掺量分别为 1.5%、3.0% 和 4.5% 时，其初凝时间分别缩短 23min、34min 和 48min，终凝时间分别缩短了 45min、63min 和 72min。

② 纳米 C-S-H-PCE 提高水泥浆体的早期强度。当纳米 C-S-H-PCE 的掺量为 1.5%、3.0%、4.5% 时，12h 的强度分别提高了 155%、186%、202%。

③ 纳米 C-S-H-PCE 可以促进水泥颗粒中离子的溶出，为 C-S-H 凝胶的形成提供晶核，降低了 C-S-H 凝胶成核的临界离子浓度 K_{sp} 值，使水泥浆体中的钙离子和硅酸根离子的向纳米 C-S-H-PCE 表面的聚集，促进了 C-S-H 凝胶的形成，提高了早期强度。

④ 纳米 C-S-H-PCE 可以提高水泥浆体早期化学结合水的含量，促进水泥浆体早期水化产物的增加，提高早期强度，当纳米 C-S-H-PCE 掺量为 1.5%、3.0%、4.5% 时，水泥浆体 12h 化学结合水的含量分别提高了 25%、55%、106%。

⑤ 纳米 C-S-H-PCE 可以促进水泥浆体中 C-S-H 凝胶的聚合，并且随着纳米 C-S-H-PCE 掺量的增加，C-S-H

凝胶的生成量增多，强度提高。掺入纳米 C-S-H-PCE 后，水泥浆体中对应的 Si—O 键的伸缩振动峰值强度及峰面积增大。

⑥ 从 SEM 图可以看出纳米 C-S-H-PCE 可以促进 C-S-H 凝胶的生成。

⑦ 纳米 C-S-H-PCE 降低了孔隙率，减小了严重有害孔隙的尺寸，细化了总孔径。

⑧ 纳米 C-S-H-PCE 可直接作为水化产物的成核点，降低临界离子浓度 K_{sp}，促进 C-S-H 凝胶的形成。然而，随着水化产物的不断生成，它们之间会产生大量的相界面，这可能会削弱纳米 C-S-H-PCE 对水泥净浆后期抗压强度发展的促进作用，并产生一些负面影响。

第 3 章

装配式建筑用免蒸养 C35 混凝土制备与性能研究

近年来，随着"住宅产业化和建筑工业化"逐步实施，装配式建筑在新建建筑中所占比例越来越大。预制混凝土构件在装配式建筑中的应用日益广泛，已经成为实现绿色建造和低碳经济的重要途径。在装配式建筑中，预制混凝土构件混凝土强度等级大多为 C30 和 C35。然而，目前预制混凝土的早期强度低，模具周转慢，使得预制混凝土的成本较高。而且在蒸汽养护过程中存在热损伤、能耗高等问题。因此需要在不影响预制混凝土后期强度及耐久性性能的前提下，开发适用于装配式建筑的免蒸养 C35 混凝土，要求其 24h 抗压强度达到 20MPa，抗氯离子侵蚀能力强（28d 氯离子渗透系数 $D_{RCM} \leqslant 10 \times 10^{-12}\,\mathrm{m^2/s}$），抗碳化（28d 的加速碳化深度 $\leqslant$20mm）、抗冻性能好（250 次冻融循环后动弹性模量损失小于 20%），且体积变形小（80d 的自收缩小于

350×10^{-6})。随着工业化、城市化进程的加速，相伴而生的废弃物垃圾日益增多，根据生态环境部发布的《2018 年全国大、中城市固体废物污染环境防治年报》，2017 年，我国工业固体废弃物年产量达 13.1 亿吨，其中粉煤灰年产量达 4.9 亿吨。虽然固体废弃物现在已被各个行业进行综合利用，但是其中仅粉煤灰的堆积量就高达 20 亿吨，并且固体废弃物还有好多未经任何处理，便被简单填埋或露天堆存，浪费土地和资源，污染环境。因此合理利用工业固体废物成为目前急需解决的问题。目前，粉煤灰、矿粉、硅灰和炉渣等矿物掺合料均已被用于混凝土中部分替代水泥作为胶凝材料来使用[79]。目前，矿物掺合料已成为配制混凝土的一种不可缺少的原材料，矿物掺合料可以大幅度减少水泥用量并改善混凝土的性能，同时也解决了一些绿色发展和可持续发展问题。因此在免蒸养 C35 混凝土中考虑加入适量的矿粉和粉煤灰，在满足混凝土使用的工作性能、力学性能和耐久性能等的基础上，可减少混凝土胶凝材料的消耗，提高经济效益。本章针对装配式建筑常用的 C35 混凝土的性能要求，设计免蒸养 C35 混凝土配合比，研究其力学性能、抗氯离子侵蚀性能、抗碳化性能、抗冻性能和自收缩性能，结合成本分析，形成装配式建筑用免蒸养 C35 混凝土的推荐配合比。

3.1 原材料及试验方案

3.1.1 原材料

（1）胶凝材料

水泥：本试验所用水泥为 P·Ⅰ 52.5 硅酸盐水泥。

粉煤灰：采用Ⅰ级低钙粉煤灰。粉煤灰是从燃煤过程产生的烟气中收集下来的细微固体颗粒物，不包括从燃煤设施炉膛排出的灰渣，主要来自电力、热力的生产和供应行业和其他使用燃煤设施的行业。随着电力工业的发展，粉煤灰已成为我国当前排量较大的工业废渣之一。粉煤灰掺入水泥之后，在碱性环境中溶解，可以与水泥水化产生的氢氧化钙进行"二次反应"，生成具有发展强度的水化硅酸钙。粉煤灰活性的大小依赖于其颗粒的细度。粉煤灰中含有大量的球形玻璃微珠体，掺入混凝土以后，可以提高新拌混凝土的流动性，且其密度一般较水泥要小，同质量的情况下，可以增加混凝土中胶凝浆体的体积，改善混凝土的工作性能。同时，粉煤灰中含有大量的细微颗粒，可以切断混凝土中的渗水通道，提高其抗渗性能。

矿粉：采用 S95 级矿粉。矿粉是高炉炼铁得到的以硅铝酸钙为主的熔融物经干燥、粉磨等工艺处理后得到的高细度、高活性粉料，是优质的混凝土掺合料和水泥混合材料。随着工艺水平的提升，矿粉的细度不断提高，使得其活性也得到了很大的提高，且其造价仅相当于普通硅酸盐水泥的一半，因此矿粉取代水泥可大量节约水泥，节约能源，实现绿色可持续发展。有研究表明混凝土中使用矿粉作为矿物掺合料，有助于后期强度的提高，同时有助于改善混凝土的泌水性能，增加混凝土的黏聚性[80]。

本节试验用到的水泥、粉煤灰和矿粉的化学成分见表 3-1。

表 3-1　水泥、粉煤灰和矿粉的化学成分

单位：%

原料	SiO_2	Al_2O_3	Fe_2O_3	CaO	TiO_2	K_2O	MgO	SO_3	Na_2O
水泥	19.95	4.83	2.93	65.71	0.36	0.81	2.95	2.28	0.21
粉煤灰	47.41	36.83	6.71	6.27	1.53	0.52	0.35	0.22	0.17
矿粉	30.14	15.53	0.43	41.94	0.82	0.46	7.89	2.22	0.56

（2）骨料

粗骨料为 5～20mm 连续级配的玄武岩，细骨料为细度模数为 2.4 的河砂。

（3）外加剂

减水剂选用聚羧酸高效减水剂，减水率为 28%。早强剂为纳米 C-S-H-PCE。水采用实验室自来水。

3.1.2 试验方案

（1）抗压强度

参照《普通混凝土力学性能试验方法标准》（GB/T 50081—2019）对混凝土的抗压强度进行测定。先将早强剂溶于水中，然后用混凝土搅拌机进行搅拌，搅拌后进行成型，拆模后放入标准养护室内进行养护。混凝土试件尺寸为100mm×100mm×100mm（尺寸换算系数为0.95），养护至相应龄期后用混凝土压力试验机测试其抗压强度。

（2）抗氯离子渗透性试验

随着社会的不断发展，预制混凝土应用的环境越来越多。在滨海环境、盐湖以及一些盐渍土地区，混凝土结构会受到氯盐的侵蚀。当混凝土中的氯离子达到一定含量时，会引起钢筋的锈蚀，导致钢筋和混凝土的黏结力下降，引起混凝土表面剥落，使得更多的有害物质侵入混凝土内部，影响混凝土的耐久性，降低混凝土的使用寿命。本章参照《普通混凝土长期性能和耐久性能试验方法标准》（GB/T 50082—2009）对混凝土的氯离子渗透系数进行测定。制备 $\Phi100mm×50mm$ 的圆柱体试件，标准养护至28d后用快速氯离子迁移系数法（RCM）测其抗氯离子渗透性能。试验装置如图3-1所示。

（3）碳化试验

钢筋混凝土中的钢筋的锈蚀关系到钢筋混凝土的结

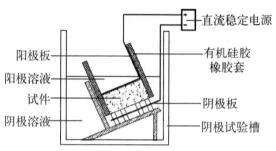

图 3-1　RCM 试验装置图

构耐久性及其使用寿命，并且其修复和加固的成本非常高[81]。在大气环境中，混凝土碳化是造成钢筋腐蚀的主要原因。水泥水化过程生成的水化产物中含有大量的氢氧化钙，使得混凝土孔隙溶液呈碱性。当大气中二氧化碳通过孔隙进入混凝土内部时，与混凝土中水泥水化生成的氢氧化钙发生反应，生成碳酸钙和水，反应过程如式（3-1）所示。碳酸钙导致混凝土孔隙溶液中的 pH 值下降，破坏钢筋表面的钝化膜，导致钢筋锈蚀，引起混凝土膨胀剥落，降低结构承载力，缩短结构使用寿命。因此，有必要研究混凝土的抗碳化性能。参照《普通混凝土长期性能和耐久性能试验方法标准》（GB/T 50082—

2009）成型试件，养护至 28d 后进行碳化试验。

$$Ca(OH)_2 + CO_2 \longrightarrow CaCO_3 + H_2O \qquad (3\text{-}1)$$

（4）快速冻融试验

混凝土冻融破坏是高寒地区混凝土工程较常见的病害之一，是混凝土受到的物理作用（干湿变化、温度变化、冻融变化）产生的损伤，使混凝土产生由表及里地剥蚀破坏，从而降低混凝土强度。当混凝土经过反复多次的冻融循环以后，损伤逐步积累不断扩大，发展成互相连通的裂缝，使混凝土的强度逐步降低，最后甚至完全丧失。参照《普通混凝土长期性能和耐久性能试验方法标准》（GB/T 50082—2009）成型尺寸为 100mm×100mm×400mm 的试件，在水中养护至 28d 后取出进行冻融试验，每循环 25 次测试其质量损失和动弹性模量损失，总循环次数为 250 次。质量损失计算公式如式（3-2）所示。

$$W_n = \frac{G_0 - G_n}{G_0} \times 100\% \qquad (3\text{-}2)$$

式中　W_n——n 次冻融循环后的质量损失，%；

　　　G_0——冻融前试件的质量，g；

　　　G_n——n 次冻融循环后试件的质量，g。

通过 NM-4A 型非金属超声波检测分析仪（图 3-2）测定超声波传播时间 T，然后根据式（3-3）和式（3-4）计算试件的相对动弹性模量 E_d。

$$E_d = \frac{(1+\nu)(1-2\nu)\rho L^2}{(1+\nu)T^2} \qquad (3\text{-}3)$$

$$E_{rd} = \frac{E_{dt}}{E_{d0}} = \frac{V_t^2}{V_0^2} = \frac{T_0^2}{T_t^2} \tag{3-4}$$

式中　E_d——动弹性模量，GPa；

　　　E_{rd}——相对动弹性模量；

　　　E_{dt}——t 时的动弹性模量，GPa；

　　　E_{d0}——初始动弹性模量，GPa；

　　　V_t——t 时刻的超声波声速，m/s；

　　　V_0——初始超声波声速，m/s；

　　　T_t——t 时刻的超声波声时，μs；

　　　T_0——初始超声波声时，μs；

　　　L——试件长度，m；

　　　ρ——混凝土试件密度，kg/m³；

　　　ν——泊松比；

　　　t——试件全浸泡溶液龄期，d。

图 3-2　超声波测试

（5）自收缩试验

混凝土收缩是指混凝土在使用过程中出现体积缩小的现象。在水泥水化过程中，消耗了大量的自由水，降低了水泥石内部的相对湿度，引起混凝土的自干燥收缩。混凝土的自收缩会导致混凝土内部产生拉应力，导致混凝土开裂，严重影响混凝土结构的安全和使用。参照《普通混凝土长期性能和耐久性能试验方法标准》（GB/T 50082—2009），成型尺寸为 100mm×100mm×515mm 的混凝土试件，24h 拆模后，将试块六个表面均包上铝箔胶带，然后测定不同龄期的试件长度。

3.2 免蒸养 C35 混凝土初步配合比

考虑到泵送施工的需要，要求装配式建筑用免蒸养 C35 混凝土坍落度在 160～200mm。根据《混凝土结构耐久性设计标准》（GB/T 50476—2019）的相关规定，在服役于一般环境 B 类环境作用等级的情况下，设计使用寿命为 50 年的建（构）筑物，所采用混凝土最大水胶比为 0.5；最小胶凝材料用量为 300 kg/m³；最小保护层厚度应该大于等于 20mm；如果混凝土结构服役于轻微的氯盐环境，则 28d 氯离子渗透系数应该小于等于 $10\times10^{-12}\,\mathrm{m^2/s}$；如果结构服役于微冻地区，则所采用的混凝土应该具有一定的抗冻性，250 次冻融循环后动弹性模量损失应小于 20%；另外，混凝土应该具有一定的体积稳定性，80d 的自收缩小于 350×10^{-6}。

根据《普通混凝土配合比设计规程》（JGJ 55—2011）[82]

计算 C35 混凝土配合比。胶凝材料总量为 400 kg/m³，矿物掺合料采用粉煤灰单掺、矿粉单掺和粉煤灰＋矿粉复掺三种方式，分别取代胶凝材料总量的 15％、30％、45％。粉煤灰和矿粉复掺时，其掺量比例为 1∶2。砂率统一采用 40％。根据第 2 章的研究结果，纳米 C-S-H-PCE 掺量为 4％。C35 混凝土配合比如表 3-2 所示。

3.3　免蒸养 C35 混凝土抗压强度

3.3.1　纳米 C-S-H-PCE 对 C35 混凝土 24h 强度的影响

从图 3-3 中可以看出，随着粉煤灰掺量的增加，C35 混凝土 24h 的强度先增加后降低。掺入纳米 C-S-H-PCE 后，当粉煤灰掺量为 15％、30％、45％时，混凝土 24h 的强度分别提高了 18％、1％、67％，可以看当粉煤灰掺量为 45％时，C35 混凝土的强度提升最高；如图 3-4 随矿粉掺量的增加，C35 混凝土 24h 的强度变化较小，掺入纳米 C-S-H-PCE 后，当矿粉的掺量分别为 15％、30％和 45％时，混凝土 24h 的强度分别提高了 10.4％、18.5％和 25.1％，随矿粉掺量的增加，纳米 C-S-H-PCE 对混凝土 24h 的强度提高得越多。如图 3-5 所示，随粉煤灰和矿粉掺量的增加，C35 混凝土 24h 的强度降低，主要是粉煤灰发挥主要作用。掺入纳米 C-S-H-PCE 后，当复掺掺量为 15％、30％和 45％时，混凝土 24h 的强度

表 3-2　C35 混凝土配合比　　　　　　　　　　　单位：kg/m^3，除水胶比外

编号	胶凝材料	水泥	粉煤灰	矿粉	砂	石	n-C-S-H-PCE	水	水胶比
FA-0%-4%	400	400	0	0	723.0	1085.0	16	192.0	0.480
FA-15%-4%	400	340	60	0	732.0	1098.0	16	170.0	0.425
FA-30%-4%	400	280	120	0	743.0	1114.2	16	142.8	0.357
FA-45%-4%	400	220	180	0	754.0	1130.8	16	115.2	0.288
SL-15%-4%	400	340	0	60	724.0	1086.0	16	190.0	0.475
SL-30%-4%	400	280	0	120	726.7	1090.1	16	183.2	0.458
SL-45%-4%	400	220	0	180	736.5	1104.7	16	158.8	0.397
FA-5%-SL-10%-4%	400	340	20	40	725.8	1088.6	16	185.6	0.464
FA-10%-SL-20%-4%	400	280	40	80	730.2	1095.4	16	174.4	0.436
FA-15%-SL-30%-4%	400	220	60	120	735.0	1102.6	16	162.4	0.406
FA-0%-0%	400	400	0	0	723.0	1085.0	0	192.0	0.480
FA-15%-0%	400	340	60	0	732.0	1098.0	0	170.0	0.425

续表

编号	胶凝材料	水泥	粉煤灰	矿粉	砂	石	n-C-S-H-PCE	水	水胶比
FA-30%-0%	400	280	120	0	743.0	1114.2	0	142.8	0.357
FA-45%-0%	400	220	180	0	754.0	1130.8	0	115.2	0.288
SL-15%-0%	400	340	0	60	724.0	1086.0	0	190.0	0.475
SL-30%-0%	400	280	0	120	726.7	1090.1	0	183.2	0.458
SL-45%-0%	400	220	0	180	736.5	1104.7	0	158.8	0.397
FA-5%-SL-10%-0%	400	340	20	40	725.8	1088.6	0	185.6	0.464
FA-10%-SL-20%-0%	400	280	40	80	730.2	1095.4	0	174.4	0.436
FA-15%-SL-30%-0%	400	220	60	120	735.0	1102.6	0	162.4	0.406

注：编号中 FA 代表粉煤灰，SL 代表矿粉。

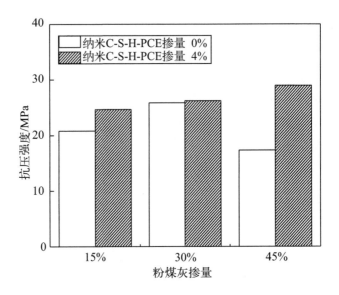

图 3-3　纳米 C-S-H-PCE 对粉煤灰混凝土 24h 强度的影响

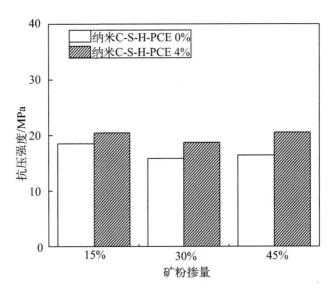

图 3-4　纳米 C-S-H-PCE 对矿粉混凝土 24h 强度的影响

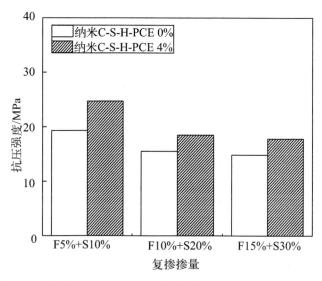

图 3-5　纳米 C-S-H-PCE 对复掺混凝土 24h 强度的影响

F—粉煤灰；S—矿粉

分别增长了 27.9％、19.0％和 20.0％。上述结果表明纳米 C-S-H-PCE 可以明显提高掺入矿物掺合料的 C35 混凝土 24h 强度。

3.3.2　粉煤灰对免蒸养 C35 混凝土抗压强度的影响

图 3-6 为纳米 C-S-H-PCE、粉煤灰掺量对混凝土抗压强度的影响。从图中可以看出当粉煤灰掺量为 30％时，混凝土 1d 的抗压强度最大，有研究表明粉煤灰材料的填充功能在低水胶比时对混凝土的早期强度起到明显的作用[83]。随着龄期的增长，混凝土 3d、7d、28d、90d 的抗压强度随着粉煤灰掺量的增加而增大。说明了粉煤灰的

掺入可以增加混凝土后期的强度。主要是因为在相同强度等级的情况下,随粉煤灰掺量的增加,混凝土水胶比降低。后期粉煤灰的火山灰效应开始发挥作用,从而增大了混凝土后期的强度。如图 3-6 所示,纳米 C-S-H-PCE 的掺入可以提高粉煤灰混凝土的 1d、3d、7d 强度。然而对混凝土后期强度的形成没有太大的影响。当粉煤灰掺量为 45％时,早期强度提高较高。

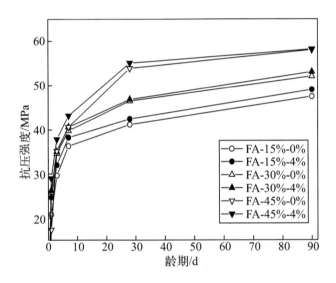

图 3-6　纳米 C-S-H-PCE、粉煤灰掺量对混凝土抗压强度的影响

3.3.3　矿粉对免蒸养 C35 混凝土抗压强度的影响

图 3-7 为纳米 C-S-H-PCE、矿粉掺量对 C35 混凝土抗压强度的影响。当矿粉的掺量为 15％时,1d 龄期和 3d龄期的强度有所增加,主要是因为矿粉掺量较小,水胶

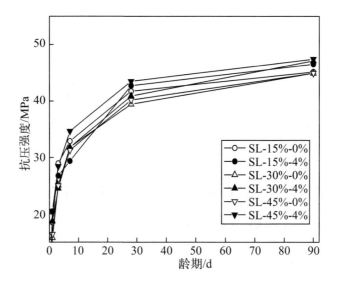

图 3-7　纳米 C-S-H-PCE、矿粉掺量对 C35 混凝土抗压强度的影响

比为 0.48，水泥前期可以有较多的水化产物，提高混凝
土的强度。当掺量为 30％和 45％时，混凝土 1d 和 3d 的
强度有所降低，这是过多的矿粉代替了水泥，而矿粉的
火山灰效应相对较慢，降低了混凝土早期的强度。从 7d
龄期到 90d 的龄期，掺入矿粉后，混凝土的强度有所提
高。这是因为从 7d 后，矿粉火山灰效应所增加的强度大
于早期矿粉代替水泥所减少的强度。从而提高了混凝土
的后期强度。与相同掺量的粉煤灰混凝土相比，掺矿粉
混凝土的后期强度较低。主要是因为粉煤灰的折减系数
小，水胶比小，所以相同掺量下粉煤灰混凝土的强度比
矿粉混凝土更高。如图 3-7 所示，纳米 C-S-H-PCE 的掺
入也可以适当提高矿粉混凝土的前期的强度，当矿粉的

掺量分别为 15％、30％和 45％时，混凝土 24h 的强度分别提高了 10.3％、18.4％和 25.1％，随矿粉掺量的增加，纳米 C-S-H-PCE 对混凝土 24h 强度的提高增多。上述结果表明了纳米 C-S-H-PCE 可以促进掺矿粉混凝土的早期水化，提高其早期强度。并且随着矿粉掺量的增加，强度提高增加。

3.3.4　复掺粉煤灰和矿粉对免蒸养 C35 混凝土抗压强度的影响

如图 3-8 表示出了复掺粉煤灰和矿粉分别以 15％、30％、45％的掺量代替水泥时混凝土的抗压强度。从图中可以看出，在 1d 和 3d 时，掺入粉煤灰和矿粉后，混凝土的强度有所降低，是因为早期粉煤灰和矿粉只起到了填充的作用。从 7d 开始，随着掺量和龄期的增长，混凝土的强度在不断增大，主要是因为粉煤灰和矿粉后期的水化更充分，提高了后期强度。对于复掺粉煤灰和矿粉的混凝土而言，加入纳米 C-S-H-PCE 后，对混凝土早期的强度有一定的提升，当粉煤灰和矿粉复掺掺量为 15％、30％和 45％时，混凝土 24h 的强度分别增长了 27.9％、19.0％和 20.0％。上述结果表明，当粉煤灰和矿粉的复掺掺量为 15％时，纳米 C-S-H-PCE 对混凝土早期强度的提升更明显，说明此时纳米 C-S-H-PCE 更有利于粉煤灰与矿粉发挥其相互填充、优势互补的作用。

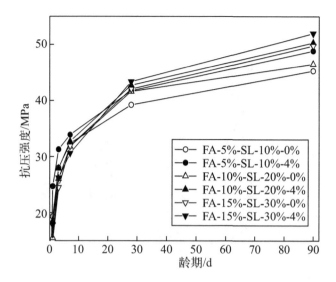

图 3-8　纳米 C-S-H-PCE 对复掺混凝土强度的影响

3.4　免蒸养 C35 混凝土耐久性能

3.4.1　免蒸养 C35 混凝土抗氯离子侵蚀性能

从图 3-9 中可以看出随着粉煤灰掺量的增加，C35 混凝土的氯离子渗透系数呈下降趋势，混凝土的抗氯离子渗透性能逐渐提高，说明粉煤灰的掺入提高了混凝土的抗渗性。因为较水泥相比，粉煤灰颗粒的尺寸较小，粉煤灰的掺入可以提高粉体的密实度，0.48 的水胶比可以使水泥反应充分，生成水化产物，使得水泥石结构更加密实。

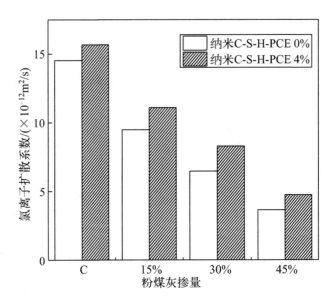

图 3-9　纳米 C-S-H-PCE 对粉煤灰混凝土氯离子渗透系数的影响

　　从图 3-10 可以看出随着矿粉掺量的增加，C35 混凝土的氯离子渗透系数降低，混凝土的抗氯离子渗透性能增强。主要是因为矿粉能够与水泥水化时形成的 Ca（OH）$_2$ 反应，消耗氢氧化钙，能促进水泥进一步水化生成更多的 C-S-H 凝胶，从而使氢氧化钙晶粒变小，改善了混凝土的微观结构，使混凝土更加密实，提高了混凝土的抗氯离子渗透性能。

　　从图 3-11 中可以看出，与不掺矿物掺合料的相比，双掺粉煤灰和矿粉的混凝土氯离子渗透系数均较小，说明掺加粉煤灰和矿粉同样有助于提升混凝土的抗氯离子渗透性能。说明了粉煤灰和矿粉发挥了其不同的火山灰效应，使混凝土内部孔隙率降低，抗渗透性能提高。

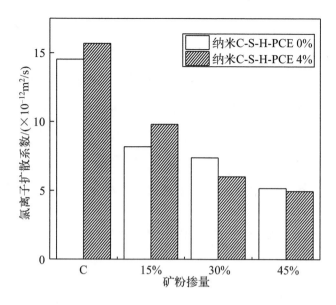

图 3-10　纳米 C-S-H-PCE 对矿粉混凝土氯离子渗透系数的影响

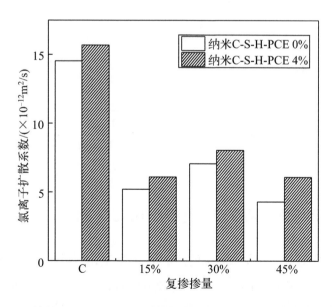

图 3-11　纳米 C-S-H-PCE 对复掺混凝土氯离子渗透系数的影响

掺入纳米 C-S-H-PCE 后 C35 混凝土的氯离子渗透系数有所增大，如表 3-3 所示，导致其抗氯离子渗透性能下降。主要是因为纳米 C-S-H-PCE 能够促进水泥早期水化，形成致密的结构，由于 C35 混凝土的水胶比较高，有自由水占据在水化形成的致密空间内，造成其孔隙率偏大，导致其抗氯离子渗透性能下降。然而，除了纯水泥组和 FA-15%-4% 组之外的混凝土氯离子渗透系数均小于 $10 \times 10^{-12} \, \mathrm{m^2/s}$。

表 3-3　C35 混凝土氯离子渗透系数

单位：$10^{-12} \, \mathrm{m^2/s}$

纳米 C-S-H-PCE 掺量/%	C	15%F	30%F	45%F	15%S
0	14.54	9.49	6.46	3.65	8.18
4	15.69	11.09	8.29	4.74	9.81
纳米 C-S-H-PCE 掺量/%	30%S	45%S	15%复	30%复	45%复
0	7.38	5.16	5.21	7.08	4.30
4	6.00	4.96	6.11	9.06	6.09

注：F 代表粉煤灰，S 代表矿粉，复代表粉煤灰与矿粉比例为 1∶2 的复掺料。

3.4.2　免蒸养 C35 混凝土碳化性能

如图 3-12 所示，随着粉煤灰掺量的增加，C35 混凝土的抗碳化能力减弱。主要是因为随着粉煤灰掺量的增加，粉煤灰的火山灰反应就会更充分，火山灰反应消耗水泥水化生成的 Ca（OH）$_2$ 就会更多，可碳化物质减少。另外，掺入纳米 C-S-H-PCE 后，免蒸养 C35 混凝土的碳化深度明显有所降低，并且随着粉煤灰掺量的增加，C35 混凝土 28d 的碳化深度降低得越明显，主要是因为加入纳米 C-S-H-PCE 后，可以促进水泥中熟料水化，形成致密的微观结构，使得 C35 混凝土的水泥石可以形成致密的稳定结构，阻止二氧化碳的侵入，提高混凝土的抗碳化性能。随着粉煤灰掺量的增加，没有掺纳米 C-S-H-PCE 的粉煤灰混凝土的火山灰效应消耗的氢氧化钙增多，并且混凝土孔隙较大，使得二氧化碳气体更多地侵入混凝土中，降低混凝土的抗碳化性能，因此纳米 C-S-H-PCE 能够降低混凝土的碳化深度，提高混凝土的抗碳化性能。

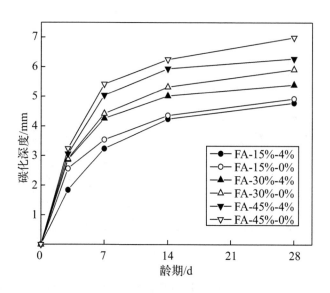

图 3-12　纳米 C-S-H-PCE 对掺粉煤灰 C35 混凝土碳化的影响

图 3-13 表示出了矿粉掺量为 15％、30％和 45％时，C35 混凝土的碳化深度。从图中可以看出，随着矿粉掺量的增加，C35 混凝土的碳化深度增加，抗碳化性能降低。上述结果表明，矿粉的掺入可以提高 C35 混凝土的抗碳化性能。主要因为矿粉的掺入可以改变水泥石内部的孔隙结构，提高水泥石与骨料的黏结力[84]，提高混凝土的抗渗性，进而提高混凝土的抗碳化性能。此外，纳米 C-S-H-PCE 的掺入可以降低不同矿粉掺量混凝土的碳化深度。并且纳米 C-S-H-PCE 的掺入混凝土对 3d、7d 的碳化深度降低得比较明显，并且 28d 的碳化深度也有一些降低。上述结果表明，矿粉的掺入可以降低 C35 混

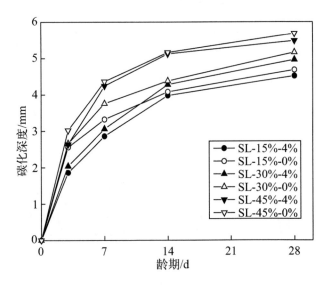

图 3-13　纳米 C-S-H-PCE 对掺矿粉 C35 混凝土碳化的影响

凝土的碳化深度，主要是因为纳米 C-S-H-PCE 的掺入可以促进水泥早期的水化并形成致密的水化产物，虽然矿粉的掺入可以改变水泥石的结构，提高水泥石与骨料的黏结力，但是还有部分矿粉在混凝土中只起到填充的作用，所以纳米 C-S-H-PCE 的掺入对掺矿粉混凝土的抗碳化性能有所提升，但是提升有限。

　　图 3-14 为粉煤灰和矿粉以 1：2 的比例掺入混凝土中（掺量为 15％、30％和 45％）时 C35 混凝土的碳化深度。从图 3-14 可以看出，随着复掺掺量的增加，混凝土的碳化深度增大。当复掺掺量为 30％和 45％时，混凝土的碳化深度大于纯水泥混凝土的碳化深度，主要是由于粉煤

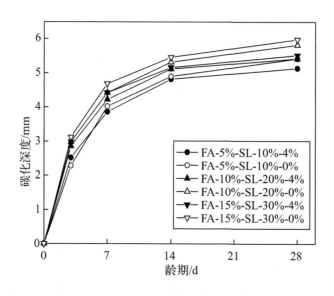

图 3-14　纳米 C-S-H-PCE 对复掺的 C35 混凝土碳化的影响

灰的掺量比较高，所以粉煤灰在 C35 混凝土中起到主导作用，因此复掺掺量越高，C35 混凝土的碳化深度越大，其抗碳化性能则越弱。从图中可以看出，纳米 C-S-H-PCE 的掺入可以降低 28d 时混凝土的总碳化深度。上述结果说明在复掺粉煤灰和矿粉的混凝土中粉煤灰起主导作用，可以提高混凝土的抗碳化性能。

Papadakis 基于 Fick 第一定律建立了混凝土碳化预测模型。国内外学者在碳化机理和试验的基础上，提出了很多关于碳化深度和碳化时间的理论和经验模型。这些碳化模型一般采用公式（3-5）的形式表述碳化深度与碳化时间的关系，只不过选取的参数个数以及其取值方法不同。其中碳化系数 k 与环境温度、环境湿度、二氧化碳浓度、应力状态、水泥品种及用量、矿物掺合料等有关。指数 n 通常接近于 2。其中我国《混凝土结构耐久性评定标准》（CECS 220：2007）采用的碳化深度计算公式如公式（3-7）所示。

$$X_d = k \cdot t^{\frac{1}{n}} \tag{3-5}$$

$$x = k\sqrt{t} \tag{3-6}$$

$$k = 3K_{CO_2} \cdot K_{kl} \cdot K_{kt} \cdot K_{ks} \cdot$$

$$T^{1/4} RH^{1.5} (1-RH) \cdot \left(\frac{58}{f_{cuk}} - 0.76 \right) \tag{3-7}$$

式中　X_d——混凝土自然碳化 d 天的碳化深度，mm；

　　　n——常数；

x——混凝土自然碳化七年的碳化深度，mm；

k——碳化影响系数；

t——自然碳化时间；

K_{CO_2}——CO_2 浓度影响系数，$K_{CO_2} = \sqrt{\dfrac{C_0}{0.03}}$；

C_0——CO_2 浓度，%；

K_{kl}——位置影响系数；

K_{kt}——养护浇注影响系数；

K_{ks}——工作应力影响系数，受压时取 1.0，受拉时取 1.1；

T——环境温度，℃；

RH——环境相对湿度；

f_{cuk}——混凝土强度标准值或评定值，N/mm²。

根据式（3-7）可得到混凝土人工快速碳化与自然碳化试验的关系，如式（3-8）所示。根据式（3-8），混凝土在碳化箱中快速碳化 28d 相当于混凝土在自然环境中碳化 50 年。根据《混凝土结构耐久性设计标准》（GB/T 50476—2019）的相关规定，一般大气环境条件下混凝土结构的最小保护层厚度为 20mm（设计使用寿命 50 年）。由图 3-12～图 3-14 可知，所有混凝土在碳化箱中加速碳化 28d 的碳化深度均小于 7.0mm。如果不考虑应力等因素的影响，可以认为所测试的各组混凝土在自然环境中碳化 50 年的碳化深度不超过 7.0mm，远远小于一般大气环境中混凝土结构的最小保护层厚度。所以，本节所设计的混凝土应用于一般大气环境的相关工程时并不会因为混凝土碳化而引起钢筋锈蚀。

$$x = x_0 \sqrt{\frac{Ct}{C_0 t_0}} \qquad (3-8)$$

式中　x——混凝土自然碳化 t 年时的碳化深度，mm；

　　　x_0——混凝土快速碳化 t_0 年时的碳化深度，mm；

　　　C——自然环境中 CO_2 浓度，%；

　　　C_0——快速碳化环境中 CO_2 浓度，%；

　　　t——自然碳化龄期，年；

　　　t_0——快速碳化时间，年。

3.4.3　免蒸养 C35 混凝土抗冻性能

根据前面力学性能、抗氯离子侵蚀性能和抗碳化性能试验结果，选取了部分免蒸养 C35 混凝土配比及其对照组，测试其抗冻性能。配合比如表 3-4 所示。

C35 粉煤灰混凝土相对动弹性模量损失如图 3-15 所示。从图中可以看出，当纳米 C-S-H-PCE 掺量为 0 时，粉煤灰掺量为 30% 的混凝土的相对动弹性模量下降得最快，当冻融循环次数达到 100 次时，粉煤灰掺量为 15% 和 30% 的相对动弹性模量分别下降到 79.4% 和 44.3%，上述结果表明粉煤灰掺量越多，动弹性模量下降得越快，混凝土的抗冻性能越差。当掺入纳米 C-S-H-PCE 后，30% 粉煤灰掺量混凝土的相对动弹性模量损失曲线变得相对平缓，并且 15% 粉煤灰掺量混凝土的相对动弹性模

表 3-4　C35 混凝土冻融试验配合比　单位：kg/m³，除水胶比外

编号	胶凝材料	水泥	粉煤灰	矿粉	砂	石	n-C-S-H-PCE	水	水胶比
FA-15%-4%	400	340	60	0	732.0	1098.0	16	170.0	0.425
FA-30%-4%	400	280	120	0	743.0	1114.2	16	142.8	0.357
SL-15%-4%	400	340	0	60	724.0	1086.0	16	190.0	0.475
SL-30%-4%	400	280	0	120	726.7	1090.1	16	183.2	0.458
FA-5%-SL-10%-4%	400	340	20	40	725.8	1088.6	16	185.6	0.464
FA-10%-SL-20%-4%	400	280	40	80	730.2	1095.4	16	174.4	0.436
FA-15%-0%	400	340	60	0	732.0	1098.0	0	170.0	0.425
FA-30%-0%	400	280	120	0	743.0	1114.2	0	142.8	0.357
SL-15%-0%	400	340	0	60	724.0	1086.0	0	190.0	0.475
SL-30%-0%	400	280	0	120	726.7	1090.1	0	183.2	0.458
FA-5%-SL-10%-0%	400	340	20	40	725.8	1088.6	0	185.6	0.464
FA-10%-SL-20%-0%	400	280	40	80	730.2	1095.4	0	174.4	0.436

注：FA 为粉煤灰，SL 为矿粉。

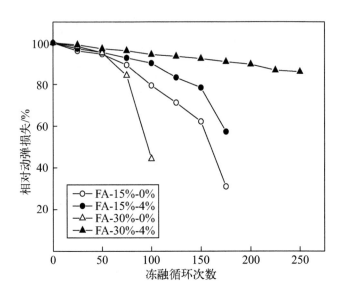

图 3-15　C35 粉煤灰混凝土相对动弹性模量损失

量损失也相对减小。当冻融循环次数达到 100 次时，粉煤灰掺量为 15％和 30％的混凝土相对动弹性模量分别下降到 90.2％和 94.3％，相对于不加纳米 C-S-H-PCE 而言分别提高了 10.8％和 50.0％。上述结果表明，纳米 C-S-H-PCE 的掺入可以提高掺粉煤灰混凝土的抗冻性能。主要是因为纳米 C-S-H-PCE 的掺入可以促进水泥和粉煤灰的早期水化，并且在纳米 C-S-H-PCE 的作用下，较多成核位点形成的水化产物封闭且相互连接，形成较多的封闭孔，使得混凝土结构更致密，从而提高了混凝土的抗冻性能。

　　C35 矿粉混凝土的相对动弹性模量损失如图 3-16 所示。当纳米 C-S-H-PCE 掺量为 0 时，随冻融循环次数的

增加，30％矿粉掺量混凝土的相对动弹性模量损失曲线
较 15％矿粉掺量的平缓。当冻融循环达到 250 次时，
15％和 30％矿粉掺量混凝土的相对动弹性模量分别为初
始值的 81.54％和 89.55％。上述结果主要是因为矿粉的
微集料效应和二次水化作用提高了混凝土的密实度，从
而提高了其抗冻性能。掺入纳米 C-S-H-PCE 后，冻融循
环次数为 250 次时，15％和 30％矿粉掺量混凝土的动弹
性模量分别为初始值的 85.17％和 90.2％，相对于不掺
纳米 C-S-H-PCE 的混凝土而言有了明显的提高。主要是
因为纳米 C-S-H-PCE 可以促进矿粉的水化，提高混凝土
的密实度，而且矿粉的二次水化也可以提高其密实度，
提高混凝土的抗冻性能。

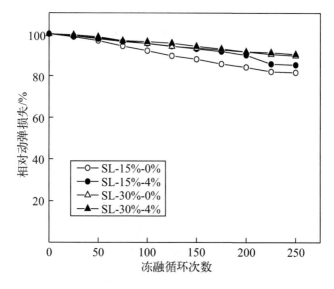

图 3-16　C35 矿粉混凝土的相对动弹性模量损失

如图 3-17 所示，当纳米 C-S-H-PCE 掺量为 0 时，随冻融循环次数的增加，复掺掺量为 30％的混凝土相对动弹性模量曲线较 15％掺量的下降缓慢，主要是因为复掺粉煤灰和矿粉的比例为 1∶2，矿粉起主导作用，所以复掺掺量为 30％的混凝土的抗冻性能更好。加入纳米 C-S-H-PCE 后，混凝土的动弹性模量损失曲线变得更为平缓，并且，当冻融循环次数为 250 次时，15％和 30％掺量的混凝土的弹性模量分别为初始值的 88.83％和 87.81％，而不掺纳米 C-S-H-PCE 的弹性模量分别为 25.04％和 55.53％。说明纳米 C-S-H-PCE 的掺入可以明显提高混凝土的抗冻性能。

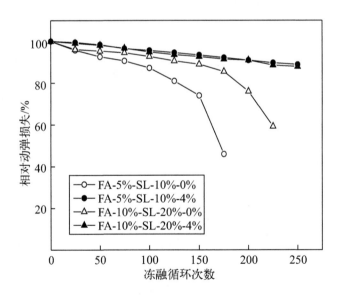

图 3-17　C35 复掺混凝土的相对动弹性模量损失

3.5　纳米 C-S-H-PCE 对免蒸养 C35 混凝土自收缩的影响

纳米 C-S-H-PCE 对 C35 混凝土自收缩性能的影响如图 3-18 所示。很明显，掺入纳米 C-S-H-PCE 之后，混凝土的自收缩增大。这是因为，纳米 C-S-H-PCE 的加入促进了混凝土内部水泥的水化，尤其是促进了 24h 之内胶凝材料的水化，较早形成骨架，混凝土的毛细孔负压相对较大。随着胶凝材料水化的进行，掺加纳米 C-S-H-PCE 的混凝土消耗的水分比未掺加纳米 C-S-H-PCE 的混凝土

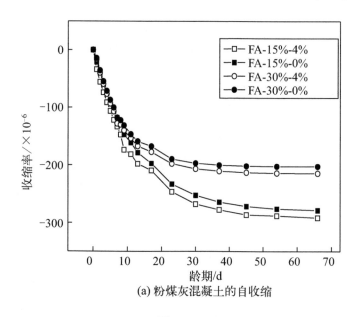

(a) 粉煤灰混凝土的自收缩

图 3-18

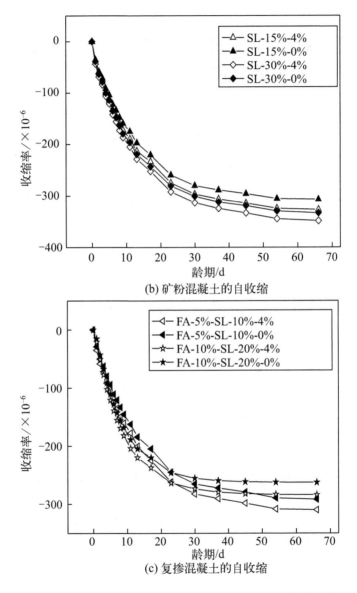

(b) 矿粉混凝土的自收缩

(c) 复掺混凝土的自收缩

图 3-18　纳米 C-S-H-PCE 对 C35 混凝土自收缩性能的影响

多，混凝土内部相对湿度降低得较快，根据 Kelvin 定律，收缩驱动力相对较大。综上分析，掺加纳米 C-S-H-PCE 的混凝土与对比组混凝土收缩驱动力大，所以其自收缩就更小。

3.6　免蒸养 C35 混凝土成本分析及推荐配合比

结合免蒸养 C35 混凝土的力学性能、抗氯离子渗透性能、抗碳化性能、抗冻性能以及自收缩性能等，选取满足要求的免蒸养 C35 混凝土的配合比，如表 3-5 所示。各种混凝土原材料价格如下所示。

P·Ⅰ 52.5 型号水泥：623 元/t。

S95 级矿粉：396 元/t。

Ⅰ级粉煤灰：265 元/t。

砂子：107 元/t。

石子：80 元/t。

纳米 C-S-H-PCE：3500 元/t。

免蒸养 C35 混凝土的生产成本是影响其大规模推广应用的重要因素。根据各种混凝土原材料的价格，可计算得到表 3-5 各混凝土配合比的单方材料成本。从表中可以看出，矿物掺合料的使用能够降低混凝土的材料成本。免蒸养混凝土由于掺加了纳米 C-S-H-PCE，其材料成本增加了 56 元。

表 3-5 免蒸养 C35 混凝土配合比

单位：kg/m³，材料成本为元/m³

胶凝材料	水泥	粉煤灰	矿粉	砂	石	水	n-C-S-H-PCE	材料成本
400	280	120	0	743.0	1114.2	142.8	16	431
400	220	180	0	754.0	1130.8	115.2	16	412
400	340	0	60	724.0	1086.0	190.0	16	456
400	220	0	180	736.5	1104.7	158.8	16	432
400	340	20	40	725.8	1088.6	185.6	16	454

如果表 3-5 的各组混凝土采用蒸汽养护方式养护，根据李洪志的研究结果[80]，每立方混凝土蒸养时消耗天然气成本 69～82.5 元，人工及锅炉维修成本为 8 元，也就是蒸汽养护生产成本为 77～90.5 元。

综上所述，免蒸养混凝土相对蒸养混凝土降低的成本为 21～34.5 元/ m^3。可见，采取免蒸养方式大大降低了 C35 装配式混凝土制品的生产成本。

3.7　本章小结

① 纳米 C-S-H-PCE 可以提高 C35 混凝土的 24h 强度，当粉煤灰掺量为 45％时，混凝土 24h 的强度提高了 67％。纳米 C-S-H-PCE 可以提高粉煤灰混凝土 1d、3d、7d 的强度。纳米 C-S-H-PCE 可以提高矿粉混凝土的前期强度。当复掺掺量为 15％、30％和 45％时，混凝土 24h 的强度分别增长了 27.9％、19.0％和 20.0％。纳米 C-S-H-PCE 可以明显提高掺入矿物掺合料的 C35 混凝土早期强度，并且不影响其后期强度。

② 纳米 C-S-H-PCE 会导致 C35 混凝土抗氯离子渗透性能下降，但除了纯水泥组和 FA-15％-4％组之外的混凝土氯离子渗透系数均小于 $10×10^{-12}\ m^2/s$；纳米 C-S-H-PCE 的掺入可以降低 C35 混凝土 28d 的总碳化深度，对矿粉混凝土 3d、7d、28d 的抗碳化性都有所提高；纳

米 C-S-H-PCE 可以降低 C35 混凝土的动弹性模量量损失，冻融循环 100 次时，15％和 30％粉煤灰混凝土的相对动弹性模量提高了 10.85％和 50.06％。冻融循环次数为 250 次时，15％和 30％矿粉混凝土的动弹性模量分别为初始值的 85.2％和 90.2％。

③ 纳米 C-S-H-PCE 的掺入可以增大 C35 混凝土的自收缩。

④ 根据得出的 C35 混凝土力学性能、耐久性性能和收缩性能，选取满足条件的免蒸养 C35 混凝土配合并进行成本分析，免蒸养 C35 混凝土相对蒸养混凝土降低的成本为 21～34.5 元/m³。

第 4 章

沿海地铁管片用免蒸养C50 混凝土制备与性能研究

　　近年来，沿海地区经济发展速度相对较快，沿海城市的人口密度不断增大，原有的基础设施建设已然不堪重负，导致目前许多城市面临着交通拥堵的问题，基础交通面临着巨大的压力。所以，地下交通的开发就极为迫切，并且地铁现在已经成为衡量城市发展水平的重要标志。

　　目前，沿海地铁管片混凝土的发展面临着许多问题。首先，根据实际工厂"模具周转快"的生产要求，地铁管片目前多采用蒸养的方式来提高其早期发展强度，浪费能源，并且会使混凝土表面产生热损伤，影响其耐久性性能。其次，由于沿海地区环境复杂，沿海地下水中含有大量的氯离子，冬季也会面临冻融破坏，还会受空气中二氧化碳的影响使混凝土表明发生碳化，从而影响管片混凝土的使用寿命。本章针对沿海地铁管片用C50

混凝土性能要求，设计免蒸养 C50 混凝土配合比，研究其力学性能（10h 抗压强度达到 15MPa）、抗氯离子侵蚀性能（28d 氯离子渗透系数小于等于 $7\times10^{-12}\,\mathrm{m^2/s}$）、抗碳化性能（28d 的碳化深度小于等于 20mm）、抗冻性能（250 次动弹性模量损失小于 20%）和自收缩性能（80d 的自收缩小于 350×10^{-6}），形成免蒸养 C50 混凝土的推荐配合比。

4.1　原材料与试验方案

试验原材料详见本书 3.1.1 节，试验方案详见本书 3.1.2 节。

4.2　免蒸养 C50 混凝土初步配合比

地铁管片混凝土设计强度要求不低于 C50，考虑管片的形状及成型时的抹平工艺，坍落度需控制在 30～50mm 范围内。根据《预制混凝土衬砌管片》（GB/T 22082—2017）规范要求，管片混凝土脱模时的强度应不低于 15MPa，本试验要求 10h 可以达到脱模要求。根据《混凝土结构耐久性设计标准》（GB/T 50476—2019）的相关规定，在服役于氯化物环境 D 类环境作用等级的情况下，设计使用寿命为 100 年的建（构）筑物，所采用混凝土最大水胶比为 0.35；最大胶凝材料用量为 500kg；28d 氯离子渗透系数应该小于等于 $7 \times 10^{-12} \, m^2/s$；最小保护层厚度应该大于等于 55mm，地铁中二氧化碳浓度通常高于大气中的二氧化碳浓度，碳化会粗化混凝土孔结构，其大于 30nm 的毛细孔数量和最可几孔径（最可能几率孔径）均会增加，降低混凝土中 Friedel'S 生成量，从而降低混凝土对氯离子的结合能力，增加混凝土中的自由氯离子浓度，提高混凝土表观氯离子渗透系数，而且碳化时间越长，上述影响越大。为安全起见，要求碳化箱中加速碳化 56d 的地铁管片混凝土碳化深度小于 20mm；如果结构服役于微冻地区，则所采用的混凝土应该具有一定的抗冻性，250 次冻融循环后动弹性模量损失应小于 20%；另外，混凝土应该具有一定的体积稳定性，80d 的自收缩小于 350×10^{-6}。

根据《普通混凝土配合比设计规程》（JG J55—2011）设计管片混凝土的配合比，具体结果如下。

胶凝材料总量为 $450 kg/m^3$，粉煤灰、矿粉单掺和粉煤灰＋矿粉复掺时分别占胶凝材料总量的 15%、30%、45%。粉煤灰和矿粉复掺时，其掺量比例为 1：2。砂率统一采用 40%。纳米早强剂（n-C-S-H-PCE）根据第 2 章综合分析建议掺量为 4%。C50 管片混凝土试验配合比如表 4-1 所示。

表 4-1　C50 混凝土配合比　　　　单位：kg/m³，除水胶比外

编号	胶凝材料	水泥	粉煤灰	矿粉	砂	石	n-C-S-H-PCE	水	水胶比
FA-0%-4%	450	450.0	0	0	726.0	1089.0	18	135.0	0.300
FA-15%-4%	450	382.5	67.5	0	732.5	1098.7	18	118.8	0.264
FA-30%-4%	450	315.0	135	0	740.2	1110.3	18	99.4	0.221
FA-45%-4%	450	247.5	202.5	0	748.1	1122.2	18	79.6	0.177
SL-15%-4%	450	382.5	0	67.5	726.7	1090.1	18	133.2	0.296
SL-30%-4%	450	315.0	0	135	728.5	1092.8	18	128.7	0.286
SL-45%-4%	450	247.5	0	202.5	735.5	1103.3	18	111.1	0.247
FA-5%-SL-10%-4%	450	382.5	22.5	45	728.0	1091.9	18	130.0	0.289
FA-10%-SL-20%-4%	450	315.0	45	90	731.0	1096.6	18	122.4	0.272
FA-15%-SL-30%-4%	450	247.5	67.5	135	734.6	1102.0	18	113.4	0.252
FA-0%-0%	450	450.0	0	0	726.0	1089.0	0	135.0	0.300

续表

编号	胶凝材料	水泥	粉煤灰	矿粉	砂	石	n-C-S-H-PCE	水	水胶比
FA-15%-0%	450	382.5	67.5	0	732.5	1098.7	0	118.8	0.264
FA-30%-0%	450	315.0	135	0	740.2	1110.3	0	99.4	0.221
FA-45%-0%	450	247.5	202.5	0	748.1	1122.2	0	79.6	0.177
SL-15%-0%	450	382.5	0	67.5	726.7	1090.1	0	133.2	0.296
SL-30%-0%	450	315.0	0	135	728.5	1092.8	0	128.7	0.286
SL-45%-0%	450	247.5	0	202.5	735.5	1103.3	0	111.1	0.247
FA-5%-SL-10%-0%	450	382.5	22.5	45	728.0	1091.9	0	130.0	0.289
FA-10%-SL-20%-0%	450	315.0	45	90	731.0	1096.6	0	122.4	0.272
FA-15%-SL-30%-0%	450	247.5	67.5	135	734.6	1102.0	0	113.4	0.252

4.3　免蒸养 C50 混凝土抗压强度

免蒸养 C50 混凝土多用于地铁管片，在管片混凝土的生产过程中，为满足模具的周转速率，管片混凝土需要尽可能早地拆除模具，其次管片脱模后需要用龙门吊将其吊入水池内进行养护，这就需要管片混凝土具有较高的早期强度。本节研究了免蒸养 C50 管片混凝土的早期抗压强度，使其满足在 10h 达到 15MPa 的要求，研究纳米早强剂、养护温度、矿物掺合料对免蒸养 C50 管片混凝土早期抗压强度的影响，选取满足强度的配合比进行耐久性能的研究。

4.3.1　纳米 C-S-H-PCE 对 C50 混凝土 10h 强度的影响

图 4-1 为免蒸养 C50 管片混凝土的 10h 抗压强度。从图中可以看出，随粉煤灰掺量的增加，免蒸养 C50 混凝土的 10h 强度会急剧下降，主要是因为粉煤灰的细度较小，在水泥浆体中可以起到润滑的作用，对水泥的水化作用影响较小，所以粉煤灰掺量越高，早期强度越低。掺入纳米 C-S-H-PCE 后，其 10h 强度明显提高。当粉煤灰掺量为 15％、30％时，其强度分别提高了 78％、266％。并且当掺量为 15％时，10h 的强度达到 21.4MPa；随着矿粉掺量的增加，免蒸养 C50 混凝土 10h 强度都会平缓下降。主要是因为矿粉颗粒较大，前期可以起到填充的作用，随掺量的增加，对 10h 强度影响较小。掺入纳米 C-S-H-PCE 后，

当矿粉掺量为 15％、30％、45％时，其 10h 强度分别提高
了 107％、174％、312％。随着矿粉掺量的增加，纳米 C-
S-H-PCE 对 10h 强度的提高越加明显；随着复掺粉煤灰和
矿粉的增加，强度先升高后降低。这主要是因为当复掺
掺量小于 30％时，矿粉起主导作用，当大于 30％时，粉
煤灰发挥主要作用。掺入纳米 C-S-H-PCE 后，当复掺掺
量为 15％、30％、45％时，其 10h 强度分别提高了 92％、
81％、312％。可以看出，掺量越高，强度的提高越明显。
因此得出结论，纳米 C-S-H-PCE 可以提到掺矿物掺合料的
C50 混凝土的 10h 强度，并使其达到 15MPa。

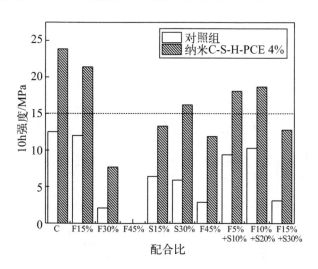

图 4-1　免蒸养 C50 管片混凝土的 10h 抗压强度

4.3.2　粉煤灰对免蒸养 C50 混凝土抗压强度的影响

免蒸养 C50 粉煤灰混凝土的抗压强度（粉煤灰的掺
量分别为 15％、30％、45％）如图 4-2、表 4-2 所示。从

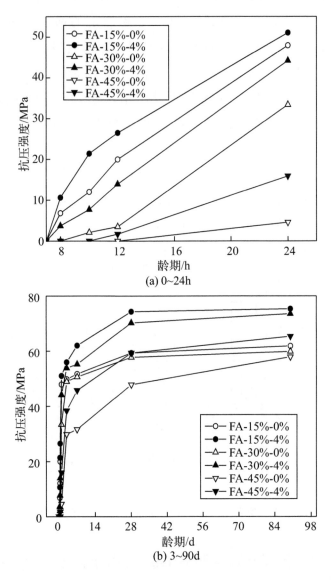

(a) 0~24h

(b) 3~90d

图 4-2 免蒸养 C50 粉煤灰混凝土的抗压强度

表 4-2　免蒸养 C50 粉煤灰混凝土的早期强度

单位：MPa

配比	8h	10h	12h	24h
FA-15%-0%	6.8	12.0	20.0	47.9
FA-15%-4%	10.6	21.4	26.5	51.0
FA-30%-0%	0.0	2.1	3.5	33.4
FA-30%-4%	3.7	7.7	13.9	44.2
FA-45%-0%	0.0	0.0	0.0	4.5
FA-45%-4%	0.0	0.0	1.7	15.9

图 4-2（a）可以看出，随着粉煤灰掺量的增加，混凝土早期强度严重下降。粉煤灰掺量为 15% 时，混凝土的 8h、10h、12h、24h 的抗压强度分别下降了 1.5%、4%、6.1%、1.3%，强度下降得不是很明显。这主要是因为粉煤灰的细度较小，在水泥浆体中可以起到润滑的作用，对水泥的水化作用影响较小，所以当粉煤灰掺量较小时对水泥的早期强度影响较小。当粉煤灰的掺量为 30% 时，混凝土的 8h、10h、12h、24h 的抗压强度分别下降了 100%、83.2%、83.6%、31.2%。随着龄期的增长，强度下降得越来越小。当粉煤灰掺量达到 45% 时，管片混凝土 8h、10h 的抗压强度均为 0MPa，并且 24h 的抗压强度也仅有不掺粉煤灰的 9.4%，对混凝土强度的影响非常大。说明了与水泥相比，粉煤灰早期水化反应较慢，随着掺量的增加，早期强度将会非常明显地下降。但是随着龄期的增长，粉煤灰所造成的抗压强度损失在逐渐减小。

如图 4-2（b）所示，当粉煤灰掺量为 15% 和 30% 时，C50 混凝土 3d、7d、28d、90d 的强度降低都小于

5.27％，但是当粉煤灰掺量为 45％时，C50 混凝土 3d、7d、28d、90d 的强度分别下降了 40.9％、40.73％、20.24％、9.41％。上述结果说明了当粉煤灰掺量为 15％和 30％时，粉煤灰对 C50 混凝土后期的强度没有太大的影响。这主要是因为后期粉煤灰中的二氧化硅、氧化铝与水泥中生成的氢氧化钙反应生成硅铝酸钙，降低混凝土溶液的 pH 值，促进水泥的水化反应。并且粉煤灰与水泥水化产物之间形成紧密的结构，提高 C50 混凝土的后期强度。但是当龄期为 28d 时，由于水泥的水化产物有限，粉煤灰掺量为 45％的混凝土强度降低。

此外，从图 4-2 可以很明显地看出，纳米 C-S-H-PCE 对 C50 的掺入可以提高掺粉煤灰混凝土的早期强度。当粉煤灰掺量为 15％时，粉煤灰混凝土 8h 的强度提高了 55.9％。并且 12h 的强度可以提高 6.5MPa。上述结果表明，当粉煤灰掺量为 15％，纳米 C-S-H-PCE 可以提高混凝土的早期强度。当粉煤灰的掺量为 15％、30％、45％时，粉煤灰混凝土 24h 的强度分别提高了 6.4％、32.2％、249％。结果充分表明了纳米 C-S-H-PCE 可以促进粉煤灰的水化作用，并且粉煤灰掺量越多，效果越明显。并且当粉煤灰掺量为 15％、30％、45％时，粉煤灰混凝土 90d 的强度分别提高了 21.8％、22.9％、12.9％。说明纳米 C-S-H-PCE 对粉煤灰混凝土的后期强度也有所提升，但是随粉煤灰掺量的增加，后期强度提升有限。这主要是因为纳米 C-S-H-PCE 促进粉煤灰的前期水化，抗压强度主要在水化前期增长。

4.3.3　矿粉对免蒸养 C50 混凝土抗压强度的影响

纳米 C-S-H-PCE 对 C50 矿粉混凝土（矿粉掺量为 15%、30%、45%）强度的影响如图 4-3 所示。C50 混凝

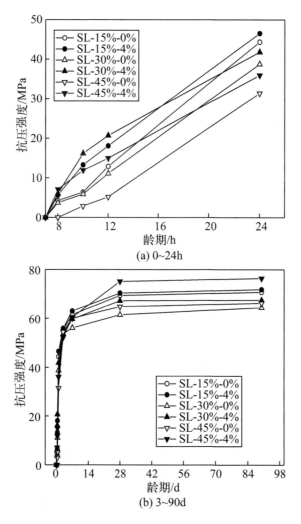

(a) 0~24h

(b) 3~90d

图 4-3　纳米 C-S-H-PCE 对 C50 矿粉混凝土强度的影响

表 4-3　C50 矿粉混凝土的早期强度

单位：MPa

配比	8h	10h	12h	24h
SL-15%-0%	4.3	6.4	12.9	44.3
SL-15%-4%	5.6	13.3	18.1	46.5
SL-30%-0%	3.7	5.9	11.1	38.7
SL-30%-4%	6.0	16.2	20.7	41.8
SL-45%-0%	0.0	2.9	5.2	31.4
SL-45%-4%	7.1	11.9	15.0	35.9

土的早期强度如表 4-3 所示。从图 4-3（a）中可以看出，随着矿粉掺量的增加，C50 管片混凝土的抗压强度逐渐减小。当矿粉的掺量为 15% 时，混凝土 8h、10h、12h 和 24h 的抗压强度分别减少了 37.8%、48.8%、39.4% 和 8.8%，相比于粉煤灰掺量为 15% 而言，掺矿粉的强度则下降得比较多。与水泥相比，矿粉的早期水化反应也比较慢，而且矿粉的颗粒较粉煤灰更粗，会阻碍水泥早期的水化反应。当矿粉的掺量为 45% 时，混凝土 8h、10h、12h 和 24h 的抗压强度下降了 100%、100%、75.6% 和 35.4%。说明当矿粉掺量达到 45% 时，对混凝土 8h、10h 和 12h 的抗压强度影响比较严重，主要还是因为矿粉的大颗粒影响了水泥早期与水的反应。纳米 C-S-H-PCE 对 C50 矿粉混凝土后期强度的影响如图 4-3（b）所示，矿粉的掺入能够明显提高 C50 混凝土后期的强度。说明随着龄期的增长，矿粉的水化反应更加完全，从而增强了混凝土的后期强度。

当矿粉的掺量为 45％ 时，混凝土 8h、10h、12h 和 24h 的强度分别增长了 7.1MPa、9.0MPa、9.8MPa、4.5MPa。充分表明纳米 C-S-H-PCE 可以提高矿粉混凝土的早期强度，并且混凝土早期强度的提升主要集中在 24h 以内。这主要是因为在纳米 C-S-H-PCE 的作用下，混凝土中不稳定的钙矾石（Aft）在 24h 内转化为稳定的单硫型水化硫铝酸钙（AFm），提高了混凝土的强度。当矿粉掺量为 45％ 时，混凝土 90d 的强度提升了 15.2％。这主要是因为纳米 C-S-H-PCE 能够促进水泥的完全水化，并且随着龄期的增长，矿粉的火山灰效应发挥作用，提高了其后期强度。

4.3.4　复掺粉煤灰和矿粉对免蒸养 C50 混凝土抗压强度的影响

纳米 C-S-H-PCE 对 C50 复掺混凝土强度的影响如图 4-4 所示，C50 复掺混凝土的早期强度如表 4-4 所示。如图 4-4（a）所示，在误差范围内，随着复掺矿物掺合料的增加，C50 混凝土 8h 龄期到 24h 龄期的抗压强度逐渐降低。这主要是因为早期矿物掺合料的火山灰效应还没有发挥作用，仅仅起到填充的作用。随着养护龄期的增长，矿物掺合料的掺入能够明显提高 C50 混凝土的强度，如图 4-4（b）所示。说明 3d 龄期以后，矿物掺合料的火山灰效应可以充分发挥，弥补了 C50 混凝土前期由于水泥用量减少而损失的抗压强度。

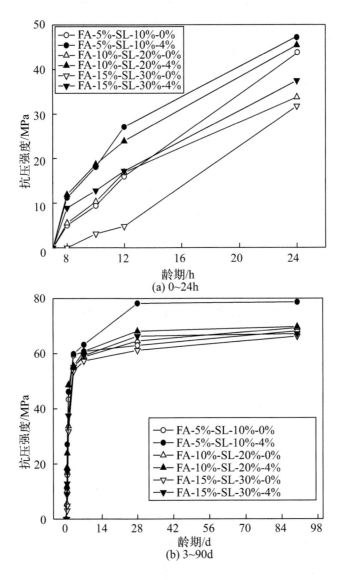

图 4-4　纳米 C-S-H-PCE 对 C50 复掺混凝土强度的影响

表 4-4　C50 复掺混凝土的早期强度

单位：MPa

配比	8h	10h	12h	24h
FA-5%-SL-10%-0%	5.0	9.4	16.0	43.4
FA-5%-SL-10%-4%	11.2	18.1	27.1	46.2
FA-10%-SL-20%-0%	5.5	10.3	16.9	33.7
FA-10%-SL-20%-4%	11.9	18.7	23.9	48.6
FA-15%-SL-30%-0%	0.0	3.1	4.8	31.7
FA-15%-SL-30%-4%	8.9	12.8	17.2	37.4

从图 4-4 可以看出，纳米 C-S-H-PCE 的掺入可以明显提高复掺混凝土的早期强度，当复掺掺量为 15% 和 30% 时，混凝土 10h 的强度都可以达到 18.1MPa 和 18.7MPa。并且当掺量为 15% 时，混凝土 90d 的抗压强度提高了 15.49%。表明纳米 C-S-H-PCE 可以提高复掺混凝土的早期强度，并且其后期抗压强度也有所提升。

4.4　免蒸养 C50 混凝土耐久性能

4.4.1　免蒸养 C50 混凝土抗氯离子侵蚀性能

不同掺料混凝土的氯离子渗透系数见图 4-5～图 4-7 及表 4-5。从图中可以看出，随粉煤灰掺量的增加，C50 混凝土氯离子渗透系数先减小后增大。这主要是因为粉煤灰细小的颗粒提高了基体的密实度，但随着掺量的增

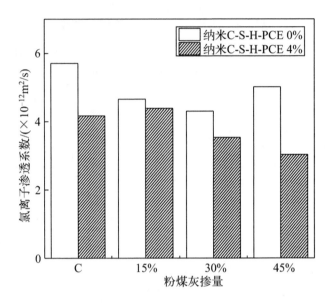

图 4-5　纳米 C-S-H-PCE 对粉煤灰混凝土氯离子渗透系数的影响

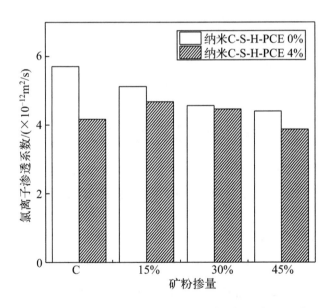

图 4-6　纳米 C-S-H-PCE 对矿粉混凝土氯离子渗透系数的影响

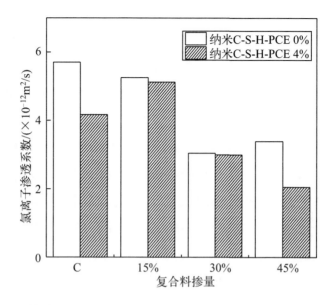

图 4-7　纳米 C-S-H-PCE 对复掺混凝土氯离子渗透系数的影响

表 4-5　C50 混凝土氯离子渗透系数

单位：$\times 10^{-12} \mathrm{m}^2/\mathrm{s}$

n-C-S-H-PCE 掺量	C	15％F	30％F	45％F	15％S
0	5.71	4.66	4.30	5.01	5.13
4	4.17	4.39	3.54	3.03	4.68
n-C-S-H-PCE 掺量	30％S	45％S	15％复	30％复	45％复
0	4.57	4.40	5.25	3.04	3.39
4	4.46	3.88	5.12	3.00	2.05

加，混凝土内生成的水化产物有限，导致混凝土孔隙增大，降低了其抗氯离子渗透性能。因此，粉煤灰的掺量不应超过30%。随着矿粉掺量的增加，C50混凝土的氯离子渗透系数逐渐下降，混凝土的抗氯离子渗透性能增强。这主要是因为矿粉有着较快的二次水化反应，随着掺量的增加，水化产物增多，使得C50混凝土结构更加致密，从而提高了掺矿粉混凝土的抗氯离子渗透性能。在复掺粉煤灰和矿粉的条件下，随着复掺掺量的增加，氯离子渗透系数先减小后增大，说明了在复掺混凝土内，粉煤灰起主导作用，影响混凝土的抗氯离子渗透性能。

掺入纳米C-S-H-PCE早强剂后，能够明显地降低免蒸养C50混凝土的氯离子扩散系数。表明纳米C-S-H-PCE能够有效提高免蒸养C50管片混凝土的抗氯离子渗透性能。这主要是因为纳米C-S-H-PCE有着比水泥更小的尺寸，并且由图2-6可以看出通过纳米C-S-H-PCE诱导生成的水化产物组成的微观结构更为紧密。各组混凝土氯离子渗透系数均小于$7\times10^{-12}\,\mathrm{m^2/s}$，满足混凝土抗氯离子侵蚀性能。

4.4.2 免蒸养C50混凝土碳化性能

地铁车站每天的人流量很大，车站内的二氧化碳浓度是一般大气环境中二氧化碳浓度的两倍左右，从而加速了地铁车站混凝土的碳化。混凝土的碳化会破坏其碱性环境，影响水泥水化产物的稳定性，破坏钢筋在碱性环境中形成的钝化膜，导致钢筋锈蚀，进而引起混凝土顺筋开裂。因此，管片混凝土的抗碳化性能非常重要。

纳米 C-S-H-PCE 对 C50 粉煤灰混凝土碳化的影响如图 4-8 所示（粉煤灰掺量为 15％、30％和 45％）。可以看出，与 C35 混凝土相似，随着粉煤灰掺量的增加，混凝土抗碳化性能降低。C50 混凝土的抗碳化性能比 C35 混凝土的抗碳化性能降低得少，有研究表明低水胶比可以降低混凝土的碳化深度[85]，提高混凝土的抗碳化性能。另外，加入纳米 C-S-H-PCE 后，C50 掺粉煤灰混凝土的碳化深度显著减小。当粉煤灰的掺量为 15％、30％和 45％时，加纳米 C-S-H-PCE 混凝土 28d 的碳化深度比未加纳米 C-S-H-PCE 混凝土 28d 的碳化深度分别减小了 33％、28.5％和 28.1％。并且随着碳化龄期的增长，混凝土的碳化深度减小的幅度更大。表明纳米 C-S-H-PCE 的掺入能够提高混凝土的抗碳化性能。这主要是因为纳米 C-S-H-PCE 可以诱导水泥的水化，并且生成致密连续的水化产物，能够有效地阻止二氧化碳气体的渗入。粉煤灰的掺量越大，28d 的碳化深度降低得越少。随着粉煤灰掺量的增加，火山灰效应会消耗的氢氧化钙就会越来越多，导致混凝土表面的碳化更充分，降低混凝土的抗碳化性能。但是总体而言，纳米 C-S-H-PCE 的掺入不仅可以提高粉煤灰混凝土的早期强度，而且能够提高其抗碳化性能。

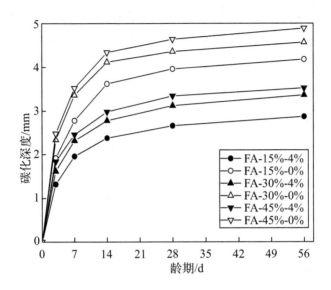

图 4-8　纳米 C-S-H-PCE 对 C50 粉煤灰混凝土碳化的影响

　　纳米 C-S-H-PCE 对 C50 矿粉混凝土碳化的影响如图 4-9 所示。可以看出，随矿粉掺量的增加，混凝土的碳化深度逐渐减小。表明矿粉的掺入可以提高 C50 混凝土的抗碳化性能。这主要因为矿粉的掺入可以改变水泥石内部的孔隙结构，提高水泥石与骨料的黏结力，提高混凝土的抗渗性，进而提高混凝土的抗碳化性能。加入纳米 C-S-H-PCE 后，掺矿粉混凝土的碳化深度下降较大。当矿粉掺量为 15％、30％和 45％时，28d 混凝土的碳化深度分别降低了 31.6％、31.66％和 31.4％。表明纳米 C-S-H-PCE 的掺入可以明显降低矿粉混凝土的碳化深度，提高其抗碳化性能。这主要是因为纳米 C-S-H-PCE 的掺入可以使水泥水化形成致密的水化物结构，提高抗碳化性能。并且低水胶比也可以降低混凝土结构的孔隙率，提高抗碳化性能。而且矿粉的掺入可以提高水泥石与骨料的黏结力，提高混凝土的抗渗性，提高抗碳化性能。所以，纳米 C-S-H-PCE 的掺入可以明显降低 C50 矿粉混凝土的碳化深度，提高混凝土的抗碳化性能。

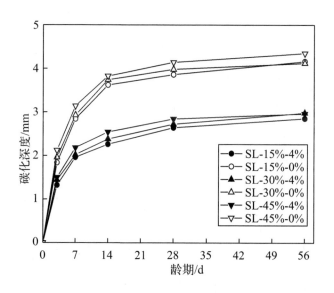

图 4-9　纳米 C-S-H-PCE 对 C50 矿粉混凝土碳化的影响

纳米 C-S-H-PCE 对 C50 复掺混凝土碳化的影响如图 4-10 所示。可以看出，随着复掺粉煤灰和矿粉掺量的增加，C50 混凝土的碳化深度逐渐增大，抗碳化性能降低。此外，加入纳米 C-S-H-PCE 后，复掺粉煤灰和矿粉混凝土的抗碳化性能有所提高。复掺掺量为 15％、30％和 45％混凝土的碳化深度减小了 26.2％、28％和

28.3%。与单掺粉煤灰和单掺矿粉相比有所下降。上述结果表明纳米 C-S-H-PCE 的掺入可以提高混凝土的抗碳化性能，但由于粉煤灰在复掺中起主导作用，所以纳米 C-S-H-PCE 对复掺混凝土的抗碳化性能提升有限。

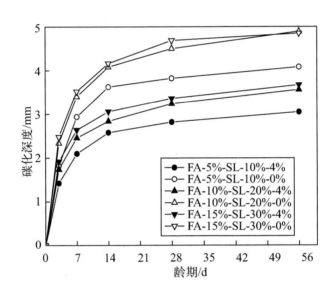

图 4-10　纳米 C-S-H-PCE 对 C50 复掺混凝土碳化的影响

根据式（3-8），混凝土在碳化箱中快速碳化 56d 相当于混凝土在自然环境中碳化 100 年。根据本书 4.2 节的分析，地铁管片混凝土在碳化箱中快速碳化 56d 的碳化深度要小于 20mm。由图 4-8～图 4-10 可知，所有混凝土在碳化箱中加速碳化 28d 的碳化深度均小于 7.0mm。如果不考虑应力等因素的影响，可以认为所测试的各组混凝土在自然环境中碳化 100 年的碳化深度不超过 7.0mm，满足设计要求。

4.4.3　免蒸养 C50 混凝土的抗冻性能

冻融破坏是评价混凝土耐久性的重要指标，C50 混凝土必须在满足早期强度时具有良好的耐久性。本试验选取了满足 10h 强度可以达到 15MPa 的免蒸养 C50 混凝土配比（表 4-6）及其对照组来测试其抗冻性能。

纳米 C-S-H-PCE 对 C50 粉煤灰混凝土抗冻性能的影响见图 4-11。从图中可以看出，随冻融循环次数的增加，不同纳米 C-S-H-PCE 掺量的混凝土的相对动弹性模量均在下降，并且其下降的速率基本保持一致。在 250 次冻融循环后，掺不同量纳米 C-S-H-PCE 混凝土的相对动弹性模量基本保持一致，相对动弹性模量都在初始值的 90％以上。上述结果表明纳米 C-S-H-PCE 的掺入对掺

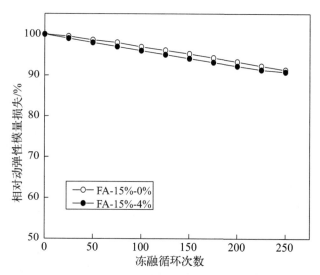

图 4-11　纳米 C-S-H-PCE 对 C50 粉煤灰混凝土
抗冻性能的影响

表 4-6 冻融试验配比

单位：kg/m³，除水胶比外

编号	胶凝材料	水泥	粉煤灰	矿粉	砂	石	n-C-S-H-PCE	水	水胶比
FA-15%-4%	450	382.5	67.5	0	732.5	1098.7	18	118.8	0.264
SL-15%-4%	450	382.5	0	67.5	726.7	1090.1	18	133.2	0.296
SL-30%-4%	450	315.0	0	135	728.5	1092.8	18	128.7	0.286
FA-5%-SL-10%-4%	450	382.5	22.5	45	728.0	1091.9	18	130.0	0.289
FA-10%-SL-20%-4%	450	315.0	45	90	731.0	1096.6	18	122.4	0.272
FA-15%-0%	450	382.5	67.5	0	732.5	1098.7	0	118.8	0.264
SL-15%-0%	450	382.5	0	67.5	726.7	1090.1	0	133.2	0.296
SL-30%-0%	450	315.0	0	135	728.5	1092.8	0	128.7	0.286
FA-5% SL-10%-0%	450	382.5	22.5	45	728.0	1091.9	0	130.0	0.289
FA-10%-SL-20%-0%	450	315.0	45	90	731.0	1096.6	0	122.4	0.272

15％粉煤灰的 C50 混凝土的抗冻性能没有明显的影响。

纳米 C-S-H-PCE 对 C50 矿粉混凝土抗冻性能的影响如图 4-12 所示。当矿粉掺量为 15％和 30％，纳米 C-S-H-PCE 的掺量为 0 和 4％时，混凝土动弹性模量的下降速率都比较相似，且下降速率比较平缓。当冻融循环次数达到 250 次时，其相对动弹性模量损失为 8.5％、8.8％、7.0％、8.3％，相对动弹性模量损失都比较小。上述结果表明当矿粉掺量小于 30％时，对混凝土的抗冻性能没有太大的影响，并且纳米 C-S-H-PCE 的掺入对掺矿粉的 C50 混凝土的抗冻性能几乎没有影响。

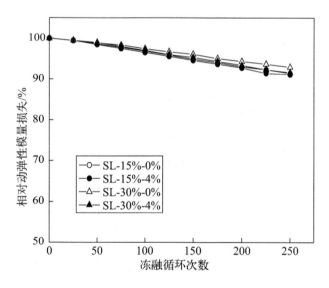

图 4-12　纳米 C-S-H-PCE 对 C50 矿粉混凝土抗冻性能的影响

纳米 C-S-H-PCE 对 C50 复掺混凝土抗冻性能的影响如图 4-13 所示。当粉煤灰和矿粉以 1∶2 的比例复掺，复掺掺量为 15％和 30％，混凝土动弹性模量的下降速率基本一致，当达到 250 次冻融循环后，其动弹性模量损失分别为 8.506％、8.546％，相差不大。所以，复掺掺量为 15％和 30％时，对 C50 混凝土的抗冻性能影响不大。从图中可以看出，掺入纳米 C-S-H-PCE 后，混凝土的动弹性模量下降基本保持一致，所以纳米 C-S-H-PCE 的掺入对 C50 混凝土的抗冻性能没有不良的影响。

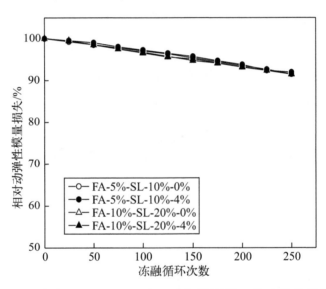

图 4-13　纳米 C-S-H-PCE 对 C50 复掺混凝土抗冻性能的影响

4.5　纳米 C-S-H-PCE 对免蒸养 C50 混凝土自收缩的影响

混凝土的自收缩过大会导致混凝土开裂，影响其正常使用。对于 C50 管片混凝土，除了满足强度和耐久性性能以外，收缩性能也是决定结构完整性和维护成本的一个重要参数，因此测试纳米 C-S-H-PCE 对免蒸养 C50 混凝土收缩性能的影响至关重要。纳米 C-S-H-PCE 对免蒸养 C50 混凝土自收缩性能的影响如图 4-14 所示。很明显，掺入纳米 C-S-H-PCE 之后，混凝土的自收缩增大。这是因为，纳米 C-S-H-PCE 的加入促进了混凝土内部水泥的水化，使混凝土在早期就形成了致密的微观结构，使混凝土结构在早期更为密实，尤其是促进了 24h 之内胶凝材料的水化，较早形成骨架，混凝土的毛细孔负压力相对较大。随着胶凝材料水化的进行，掺加纳米 C-S-

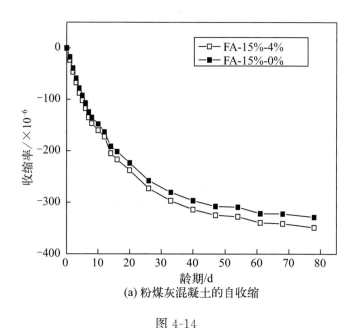

(a) 粉煤灰混凝土的自收缩

图 4-14

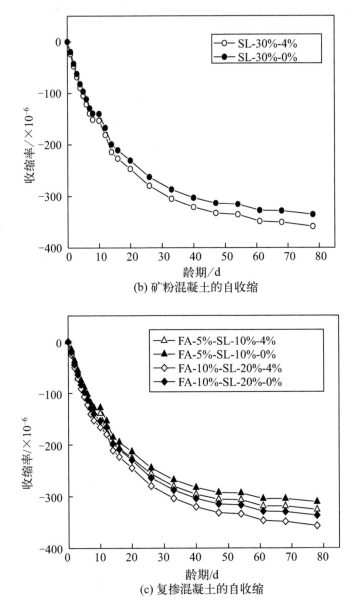

(b) 矿粉混凝土的自收缩

(c) 复掺混凝土的自收缩

图 4-14　纳米 C-S-H-PCE 对免蒸养 C50 混凝土自收缩性能的影响

H-PCE 的混凝土消耗的水分比未掺加纳米 C-S-H-PCE 的混凝土多，混凝土内部相对湿度降低得较快，根据 Kelvin 定律，收缩驱动力相对较大。综上分析，掺加纳米 C-S-H-PCE 的混凝土比对比组混凝土收缩驱动力大，所以其自收缩就更大。

4.6 免蒸养 C50 混凝土成本分析及推荐配合比

免蒸养 C50 混凝土 10h 满足 15MPa 拆模要求、抗氯离子渗透性能要求、抗碳化性能要求、抗冻性能要求以及收缩性能要求等，选取满足要求的免蒸养 C50 混凝土的配合比，如表 4-7 所示。

根据各种混凝土原材料的价格，可计算得到表 4-7 各 C50 混凝土配合比的单方材料成本。从表中可以看出，矿物掺合料的使用能够降低混凝土的材料成本。免蒸养混凝土由于掺加了纳米 C-S-H-PCE，其材料成本增加了 63 元。

如果表 3-5 的各组 C50 混凝土采用蒸汽养护方式养护，根据青岛市政集团砼业工程有限公司提供的数据，地铁管片蒸汽养护生产成本为 200 元/m³。

表 4-7 免蒸养 C50 混凝土的配合比

单位：kg/m³，材料成本单位元/m³

胶凝材料	水泥	粉煤灰	矿粉	砂	石	水	n-C-S-H-PCE	材料成本
450	450	0	0	726.0	1089.0	135.0	18	508
450	382.5	67.5	0	732.5	1098.7	118.8	18	485
450	315	0	135	728.5	1092.8	128.7	18	478
450	382.5	22.5	45	728.0	1091.9	130.0	18	490
450	315	45	90	731.0	1096.6	122.4	18	472

综上所述，免蒸养混凝土相对蒸养混凝土降低的成本为 137 元/m^3。可见，采取免蒸养方式大大降低了 C50 管片混凝土制品的生产成本。

4.7　本章小结

① 矿物掺合料大大影响了 C50 混凝土的早期强度。随矿物掺合料的增加，C50 混凝土 8～24h 抗压强度逐渐降低。掺加纳米 C-S-H-PCE 后 15％粉煤灰混凝土 8h 抗压强度提高了 55.88％，并且 10h 抗压强度达到了 21.4MPa。当矿粉的掺量为 45％时，C50 混凝土 8h、10h、12h 和 24h 抗压强度分别提高了 7.1MPa、9.01MPa、9.8MPa、4.55MPa。当复掺掺量为 15％和 30％时，混凝土 10h 的抗压强度达到了 18.1MPa 和 18.7MPa。掺入纳米 C-S-H-PCE 后，当矿粉掺量为 15％、30％、45％时，其 10h 抗压强度分别提高了 107％、174％、312％。

② 掺入纳米 C-S-H-PCE 早强剂后，免蒸养 C50 混凝土的氯离子渗透系数降低，且均小于 $7 \times 10^{-12} m^2/s$，满足混凝土抗氯离子侵蚀性能。掺加纳米 C-S-H-PCE 后，粉煤灰的掺量为 15％、30％和 45％时，混凝土 56d 的碳化深度均小于 7.0mm。纳米 C-S-H-PCE 基本不影

响 C50 混凝土的动弹性模量损失。纳米 C-S-H-PCE 掺入后，免蒸养 C50 混凝土的自收缩增大。

③ 根据得出的 C50 混凝土早期力学性能、耐久性性能和收缩性能，选取满足条件的免蒸养 C50 混凝土配合比并进行成本分析，免蒸养 C50 混凝土相对蒸养混凝土降低的成本为 137 元/m^3。

第 5 章

滨海 PHC 管桩免蒸养 C80 混凝土制备与其力学性能

《先张法预应力混凝土管桩》（GB 13476—1999）、《混凝土结构耐久性设计标准》（GB/T 50476—2019）以及《预应力高强混凝土管桩免压蒸生产技术要求》（T/CBMF 64—2019）等相关标准要求设计的免蒸养 PHC 管桩 C80 混凝土 1d 拆模强度不低于 45MPa，出厂强度不低于 80MPa，且 28d 后抗压强度一直保持在 80MPa 以上。根据工作性要求，其坍落度要控制在 30～50mm 范围内。本章系统研究了矿粉、粉煤灰和矿粉及纳米 C-S-H-PCE 早强剂对抗压强度、孔结构及水化规律的影响。

5.1 原材料与试验方案

5.1.1 原材料

制备 PHC 管桩所用原材料的优劣是至关重要的。

原材料的性能直接决定着是否能制备出性能良好的免蒸养 PHC 管桩混凝土。因此，基本原材料的选用应符合标准《预应力高强混凝土管桩免压蒸生产技术要求》（T/CBMF 64—2019）、《建筑用砂》（GB/T 14684—2011）和《建筑用卵石、碎石》（GB/T 14685—2011）的要求。

① 水泥：参照《预应力高强混凝土管桩免压蒸生产技术要求》（T/CBMF 64—2019）的相关规定，采用 P.Ⅱ52.5 硅酸盐水泥，其化学组成如表 5-1 所示。

表 5-1　水泥的化学组成

单位：%，质量分数

成分	SiO_2	Al_2O_3	Fe_2O_3	CaO	MgO	SO_3	TiO_2	Na_2O	K_2O
水泥	19.95	4.83	2.93	65.71	2.95	2.28	0.34	0.21	0.8

② 矿物掺合料：参照《预应力高强混凝土管桩免压蒸生产技术要求》（T/CBMF 64—2019）的相关规定，采用 S95 高炉渣矿粉和 F 类Ⅰ级粉煤灰，其化学组成如表 5-2 所示。

表 5-2　矿物掺合料的化学组成

单位：%，质量分数

成分	SiO_2	Al_2O_3	Fe_2O_3	CaO	MgO	SO_3	TiO_2	Na_2O	K_2O
矿粉	30.15	15.53	0.43	41.94	7.89	2.22	0.82	0.56	0.46
粉煤灰	47.41	36.83	6.71	6.27	0.35	0.22	1.53	0.17	0.51

③ 骨料：参照《预应力高强混凝土管桩免压蒸生产技术要求》（T/CBMF 64—2019）的相关规定，选用细度模数为 2.6 的天然河砂，最大粒径为 25mm 的玄武岩。

④ 外加剂：采用减水率为 28％的聚羧酸减水剂和纳米 C-S-H-PCE 早强剂。该早强剂为乳白色液体，固含量为 12％，减水率为 6％，详见 2.1 节。

⑤ 拌合水：采用自来水。

5.1.2　混凝土配合比

参照《预应力高强混凝土管桩免压蒸生产技术要求》（T/CBMF 64—2019）的相关规定，对于 PHC 管桩，水胶比范围为 0.24～0.28，胶凝材料总量不小于 480kg/m³，矿物掺合料质量分数不大于 30％，砂率范围为 36％～38％。因此，采用 450kg/m³、500kg/m³、550kg/m³ 和 600kg/m³ 四种胶凝材料总量，单掺 20％、30％的矿粉和按照比例 1:1 复掺 20％、30％的粉煤灰和矿粉，并掺入 4％的纳米 C-S-H-PCE 早强剂，制备了免蒸养 C80 混凝土。水胶比取 0.24，砂率统一取 36％。减水剂和水的用量可根据坍落度 30～50mm 进行调整。且加入早强剂后，应减去相应的水用量。经过适配后，混凝土配合比如表 5-3 所示，净浆配合比如表 5-4 所示。表中 S 代表矿粉，F 代表粉煤灰，R 代表未掺加纳米 C-S-H-PCE 的配合比，N 代表掺加纳米 C-S-H-PCE 的配合比。

5.1.3　试件成型与养护

首先，在仪器开始运转之前，用湿砂润湿仪器，随后将砂石按照比例称量混合，加入单卧轴混凝土搅拌机中混合 30s。之后按照比例称取水泥和矿物掺合料，加入

表 5-3 混凝土配合比

单位：kg/m³

种类	掺量	编号	水泥	粉煤灰	矿粉	早强剂	砂	石	PCE	W/B
S	20%	RS1	360	0	90	0	657	1169	6.75	0.275
		RS2	400	0	100	0	637	1133	7.50	0.260
		RS3	440	0	110	0	616	1095	8.25	0.252
		RS4	480	0	120	0	595	1058	9.00	0.245
	30%	RS5	315	0	135	0	657	1169	6.75	0.275
		RS6	350	0	150	0	637	1133	7.50	0.260
		RS7	385	0	165	0	616	1095	8.25	0.252
		RS8	420	0	180	0	595	1058	9.00	0.245
F+S	20%	RFS1	360	45	45	0	657	1169	6.75	0.275
		RFS2	400	50	50	0	637	1132	7.50	0.263
		RFS3	440	55	55	0	616	1094	8.25	0.255
		RFS4	480	60	60	0	596	1059	9.00	0.242
	30%	RFS5	315	67.5	67.5	0	657	1169	6.75	0.275
		RFS6	350	75	75	0	637	1132	7.50	0.263
		RFS7	385	82.5	82.5	0	616	1094	8.25	0.255
		RFS8	420	90	90	0	596	1059	9.00	0.242

续表

种类	掺量	编号	水泥	粉煤灰	矿粉	早强剂	砂	石	PCE	W/B
S+早强剂	20%	NS1	360	0	90	18	657	1169	5.40	0.275
		NS2	400	0	100	20	637	1133	6.00	0.260
		NS3	440	0	110	22	616	1095	6.60	0.252
		NS4	480	0	120	24	595	1058	7.20	0.245
	30%	NS5	315	0	135	18	657	1169	5.40	0.275
		NS6	350	0	150	20	637	1133	6.00	0.260
		NS7	385	0	165	22	616	1095	6.6	0.252
		NS8	420	0	180	24	595	1058	7.20	0.245
F+S+早强剂	20%	NFS1	360	45	45	18	657	1169	5.40	0.275
		NFS2	400	50	50	20	637	1132	6.00	0.263
		NFS3	440	55	55	22	616	1094	6.60	0.255
		NFS4	480	60	60	24	596	1059	7.20	0.242
	30%	NFS5	315	67.5	67.5	18	657	1169	5.40	0.275
		NFS6	350	75	75	20	637	1132	6.00	0.263
		NFS7	385	82.5	82.5	22	616	1094	6.60	0.255
		NFS8	420	90	90	24	596	1059	7.20	0.242

表 5-4 净浆配合比

单位：kg/m³

种类	掺量	编号	水泥	粉煤灰	矿粉	早强剂	PCE	W/B
S	20%	RS1	360	0	90	0	6.75	0.275
		RS4	480	0	120	0	9.00	0.245
	30%	RS5	315	0	135	0	6.75	0.275
		RS8	420	0	180	0	9.00	0.245
F+S	20%	RFS1	360	45	45	0	6.75	0.275
		RFS4	480	60	60	0	9.00	0.242
		RFS7	385	82.5	82.5	0	8.25	0.255
		RFS8	420	90	90	0	9.00	0.242
S+早强剂	20%	NS1	360	0	90	18	5.40	0.275
		NS4	480	0	120	24	7.20	0.245
	30%	NS5	315	0	135	18	5.40	0.275
		NS8	420	0	180	24	7.20	0.245
F+S+早强剂	20%	NFS1	360	45	45	18	5.40	0.275
		NFS4	480	60	60	24	7.20	0.242
	30%	NFS5	315	67.50	67.50	18	5.40	0.275
		NFS8	420	90	90	24	7.20	0.242

机器中使其充分混合。并加入部分水和少量减水剂。通过调整坍落度为 30～50mm 来确定水和减水剂的用量。总搅拌时间为 3min，搅拌完成后，装模，然后将模具移入标准养护室内［$T=(20\pm2)$℃，RH≥95％］。养护至 24h 时，拆除模具，之后将其置入标准养护室内，进行水养。当试块养护至 1d、7d、14d、28d、56d 时取出，测试其强度和弹性模量，且养护至 28d 时，进行耐久性试验。

5.1.4　微量热试验

本试验采用 TAM Air 08 型微量热仪测量水泥净浆的水化速率和累计放热量。该试验在 20℃ 条件下进行，首先根据 0.24 的参比水调配出各配合比材料的用量，从而计算出总物质的量。采用的搅拌方法是外搅拌法，即将样品放入小瓶中低速搅拌，使其具有较好的流动性，随后用滴管将样品滴入安倍瓶中，称取与前面计算量近似的重量，并记录该值。最后将样品放入仪器中并插入量热计。由于缺乏热平衡，初始测量受到影响。因此，试验结果应减去 0.75h 时刻的测量值。每个配合比测量周期为 7d，数据采集间隔为 30s/次。

5.1.5　低场核磁共振试验

本试验采用低场核磁共振技术（NMR）系统研究了混凝土的孔结构。该试验所取龄期为 1d、28d。当试样达到所需龄期时，将试验样品敲碎，取 1～2cm 大小的碎片储存在充满乙醇的塑料瓶中以中止水化反应。测试时需要将碎样品放置在（50±2）℃的烘干仪中烘干，然后将其移入 NMR 仪器中的圆柱形筒中开始试验。由于回波时间较短，所以扩散弛豫效应忽略[86,87]。孔径可通过式（5-1）计算：

$$d = 4\rho_2 T_2 \tag{5-1}$$

式中　d——孔径，nm；

　　　ρ_2——表面松弛度，根据[88]，ρ_2 的值为 12nm/ms；

　　　T_2——孔隙水的弛豫时间，ms。

5.2　免蒸养水泥浆体水化规律

混凝土从浇筑开始就一直处于不断水化的状态，其刚度的形成是水泥和矿物掺合料不断进行水化作用的结果。对于掺加矿物掺合料的混合物来说，在早期水化阶段，主要是以水泥水化作用为主，以矿物掺合料水化作用为辅。而外加剂纳米 C-S-H-PCE 对于胶凝材料的进一步水化作用具有较大的影响，亟需对其进行分析研究。并且水化程度是建立自收缩模型的一项重要参数。因此，将从矿物掺合料和纳米 C-S-H-PCE 早强剂对净浆水化作用影响两个角度来进行分析，分别测试单掺矿粉、复掺粉煤灰和矿粉水泥净浆的水化速率和累计放热量。

5.2.1　矿粉对水泥浆体水化规律的影响

图 5-1 为矿粉水泥净浆的水化速率变化曲线。相关研究表明[89]，水泥净浆的化学反应过程主要分三个过程：诱导期、加速期、减速及稳定期。由图 5-1 可知，对于

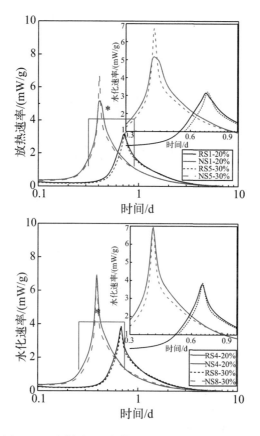

图 5-1　矿粉水泥净浆的水化速率变化曲线

矿粉掺量为 20％和 30％的净浆，当其他条件一致且矿粉掺量增加时，水泥净浆的诱导期并没有明显的改变，然而水泥净浆的加速期有明显的延迟现象。这种现象主要是由矿物掺合料本身的性能所导致的[90-92]，当更多的矿粉掺入到混凝土体系中时，会释放出更多的硅元素，同时会吸附更多的钙离子，这使得混凝土体系中的钙硅比降低，进一步使矿粉与水泥水化反应生成不稳定的 C-S-H

凝胶物质，而这种不稳定的水化产物想要转化为稳定的结构需要一定的时间，从而导致加速期出现延迟的现象。在减速及稳定期可以明显地看到各配合比有一个波峰，该波峰主要是由于 C_3S 的水化反应导致的。当其他条件一致且矿粉掺量增加时，该波峰峰值稍有增大，这可能是因为更多的矿粉提供了更多的硅相，同时矿粉的碱激发作用进一步促进了 C_3S 的溶解和反应[92]。

图 5-2 为矿粉水泥净浆的累计放热量变化曲线。可

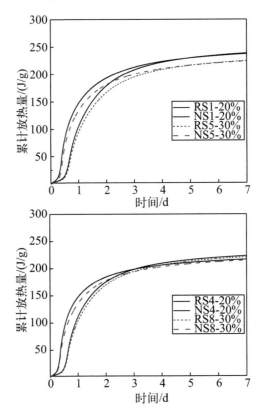

图 5-2　矿粉水泥净浆的累计放热量

以看出，对于矿粉掺量为 20% 和 30% 的净浆，在 0~7d
内，当其他条件一致且矿粉掺量增加时，水泥净浆的累
计放热量呈现增大的趋势。这是因为水泥水化生成氢
氧化钙后，体系内部呈现碱性状态，导致更多的矿粉
发生碱激发化学反应。在该反应机制的驱使下，矿粉
不仅与水泥水化产物发生反应，矿粉自身也会发生反
应，从而释放了更多的热量。但是当时间充足时，由
于两者胶凝材料总量相同，所以两者之间的累计放热
量无限接近。

5.2.2　粉煤灰和矿粉对水泥浆体水化规律的影响

图 5-3 为复掺粉煤灰和矿粉水泥净浆的水化速率。
从图中可以看出，对于复掺掺量为 20% 和 30% 的净浆，
其水化速率曲线依旧分为三个过程。当其它条件一致且
复掺掺量增加时，水泥净浆的诱导期明显提前，这与
5.2.1 节中矿粉掺量的影响有着明显差异。这主要是因
为该体系中掺加了粉煤灰，粉煤灰的比表面积更大，它
的"粉末-微集料"效应对水泥化学反应的促进程度更
高。当其他条件一致且复掺掺量增加时，水泥净浆的加
速期同样出现了明显的延迟现象，其原因与 5.2.1 节中
的分析一致。另外，相比于矿粉掺量对加速期的影响，
复掺掺量增加对加速期的影响更加明显。减速及稳定期：
当其他条件一致且复掺掺量增加时，波峰同样出现了增
大的现象。这可能是因为粉煤灰和矿粉之间的相互促进

免蒸养混凝土制备与性能研究

反应限制了体系中盐类物质对 C_3S 和 C-S-H 晶体产物的分解与结合，进一步增大了 C_3S 的化学反应[93]。

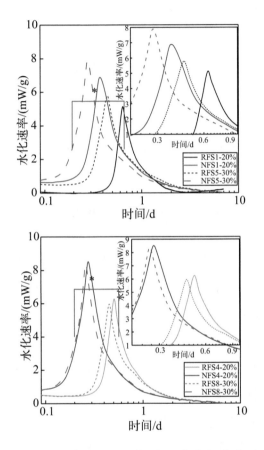

图 5-3 复掺粉煤灰和矿粉水泥净浆的水化速率

图 5-4 为复掺粉煤灰和矿粉水泥净浆的累计放热量变化曲线。由图可以发现，对于复掺掺量为 20% 和 30% 的净浆，在 0～7d 内，当其他条件一致且复掺掺量增加时，水泥净浆的累计放热量增大了。

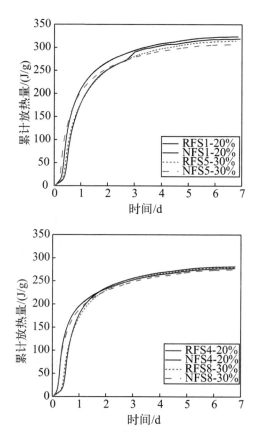

图 5-4　复掺粉煤灰和矿粉水泥净浆的累计放热量

5.2.3　纳米 C-S-H-PCE 早强剂对水泥浆体水化规律的影响

由图 5-1 和图 5-3 可以明显看出，当其他条件一致时，纳米 C-S-H-PCE 早强剂明显促进了水泥净浆诱导期和加速期的反应，水化放热峰值提前且峰值增大，峰值提前程度最高可达 40％。另外，由图 5-2 和图 5-4 可以发现，在 0～3d 内，相比于未掺加纳米 C-S-H-PCE 早强剂的水泥净浆，掺加纳米 C-S-H-PCE 早强剂的水泥净浆累计放热量明显提高，而在此之后（3～7d 内），两者之间的差距逐渐缩小，且在 7d 时曲线基本重合。这说明纳米 C-S-H-PCE 早强剂较大程度地提高了水泥净浆的水化作用，尤其是在前 3d。这主要是因为将分散剂 PCE 插层在具有合理钙硅比的 C-S-H 结构中可以形成更小的 C-S-H 的颗粒粒径，分散性能更佳，同时该早强剂中的聚羧酸分子的侧链足够长且用量足够多，使得水化产物更好地在该纳米 C-S-H 上进行成核，从而较大程度地促进了水泥基材料的水化反应[94-97]。

5.3 免蒸养 C80 混凝土孔结构分析

基于混凝土内部相对湿度（RH）的变化，在后文中建立了自收缩模型，而 RH 变化又会造成孔径分布的变化。并且由 Kelvin-Laplace 公式[98] 可知，孔结构中毛细孔的大小与收缩变形的驱动力（毛细孔负压力）具有反比例关系，即毛细孔直径越小，其产生的收缩应力越大。

5.3.1 矿粉对混凝土孔结构的影响

图 5-5 为单掺矿粉混凝土的孔径分布。由图 5-5（a）可以发现，相比于 1d 的孔隙累积体积，28d 的孔隙累积

体积更低。由此可见，随着养护龄期的增加，体系内部各胶凝物质连接更加紧密。通过该图中的孔隙累积体积，可计算出各种孔径的占比，如图 5-5（c）所示。图 5-5（b）为混凝土中不同孔径的分布趋势。研究表明[99,100]，成熟混凝土的孔结构由四部分组成：凝胶孔（<10nm）、小毛细孔（10~50nm）、大毛细孔（50~100nm）以及大孔（>100nm）。凝胶孔主要是由纤维状硅酸钙水合物凝胶（C-S-H）形成的，毛细孔则是由未参与水化反应的自由水连接而成的[101-103]。

由图 5-5（b）和图 5-5（c）可知，小于 10nm 的孔径处具有又高又宽的波峰，50~100nm 的孔径处具有峰值较小的波峰。结合图 5-5（c）中各孔径所占的比例可知，单掺矿粉混凝土中的孔隙主要是以凝胶孔和毛细孔的形式存在，而大孔所占的比例较小。另外，对于矿粉掺量为 20% 和 30% 的混凝土，当养护龄期为 1d 时，随着矿粉掺量增大，凝胶孔的比例降低，而大、小毛细孔和大孔的比例提高。当养护龄期为 28d 时，随着矿粉掺量增大，凝胶孔和大孔的比例降低，而大、小毛细孔的比例提高。由图 5-5（b）还可以发现，当养护龄期为 1d 和 28d 时，随着矿粉掺量增大，第一个波峰对应的孔径（最可几孔径）逐渐减小。例如，NS1-28d 的最可几孔径为 4.43nm，NS5-28d 的最可几孔径为 3.86nm。同时，毛细孔对应的孔径也随着矿粉掺量的增加而逐渐减小。这说明增加矿粉掺量使孔径更加细化。

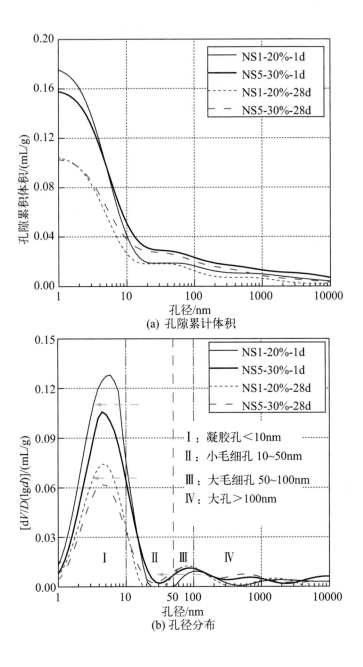

(a) 孔隙累计体积

(b) 孔径分布

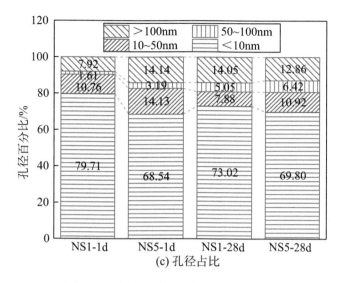

图 5-5　单掺矿粉混凝土的孔径分布

5.3.2　粉煤灰和矿粉对混凝土孔结构的影响

图 5-6 为复掺粉煤灰和矿粉混凝土的孔径分布。由图 5-6（a）和图 5-6（b）可知，相比于 1d 的累计孔隙体积和波峰峰值，28d 的值更小。这说明对于复掺混凝土来说，延长养护龄期可降低体系内部孔隙数量，表明混凝土更加密实。由图 5-6（b）可知，图中出现两处波峰，分别位于孔径为 6nm 左右、100nm 左右。由此可见，混凝土中的孔隙主要以凝胶孔和毛细孔为主，由图 5-6（c）中孔径所占的比例也可以得出此结论。另外，由图 5-6（b）和图 5-6（c）可以发现，对于复掺掺量为 20％ 和 30％ 的混凝土，当养护龄期为 1d 时，随着复掺掺量的增加，凝胶孔比例提高，小毛细孔比例微提高，大毛细孔

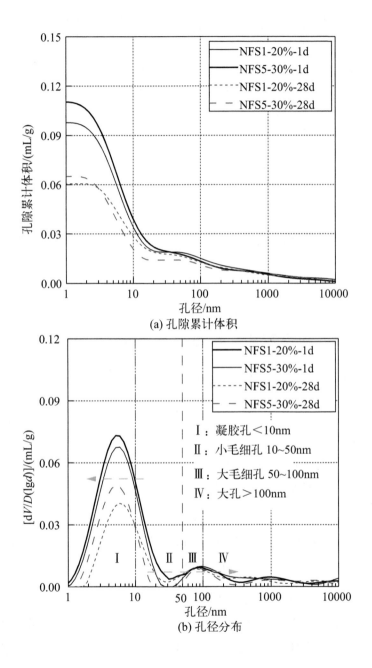

(a) 孔隙累计体积

(b) 孔径分布

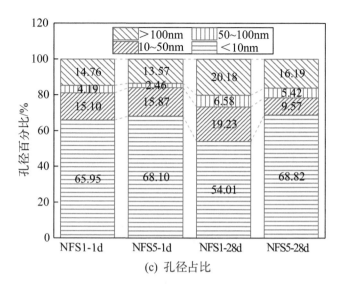

(c) 孔径占比

图 5-6 复掺粉煤灰和矿粉混凝土的孔径分布

和大孔比例降低。而且,第一处波峰对应的最可几孔径向左移,而毛细孔范围所对应的孔径向右移。当养护龄期为 28d 时,随着复掺掺量的增加,凝胶孔比例提高,大、小毛细孔和大孔比例降低。第一处波峰对应的最可几孔径和毛细孔范围所对应的孔径移动规律与养护龄期为 1d 时的规律一致。

5.3.3 纳米 C-S-H-PCE 早强剂对混凝土孔结构的影响

图 5-7 为纳米 C-S-H-PCE 混凝土的孔径分布。由图 5-7(b)和图 5-7(c)可知,当养护龄期为 1d 时,掺入纳米 C-S-H-PCE 早强剂后,混凝土中凝胶孔的比例提

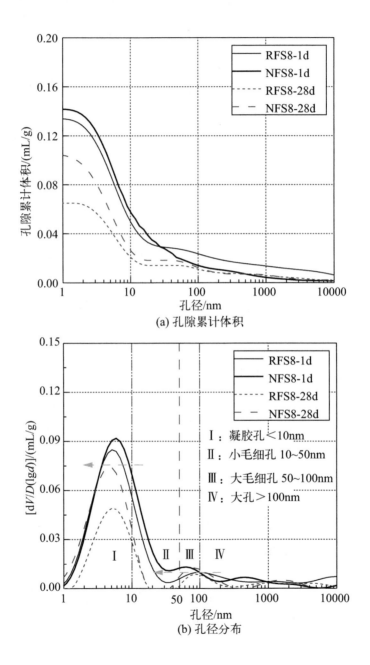

(a) 孔隙累计体积

(b) 孔径分布

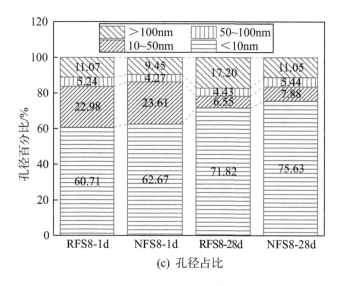

(c) 孔径占比

图 5-7 纳米 C-S-H-PCE 混凝土的孔径分布

高，而大毛细孔和大孔的比例降低。当养护龄期为 28d 时，掺入纳米 C-S-H-PCE 早强剂后，混凝土中凝胶孔、大小毛细孔的比例提高，而大孔的比例降低。另外，掺入纳米 C-S-H-PCE 早强剂后，第一波峰对应的最可几孔径向左移，同时毛细孔对应的孔径左移。换言之，该早强剂细化了混凝土内部的孔隙，使结构体系更加密实。

5.4 免蒸养 C80 混凝土抗压强度

5.4.1 矿粉对混凝土抗压强度的影响

图 5-8 为单掺矿粉混凝土的抗压强度。从图中可以看出，掺入纳米 C-S-H-PCE 早强剂后，龄期为 1d 和 7d

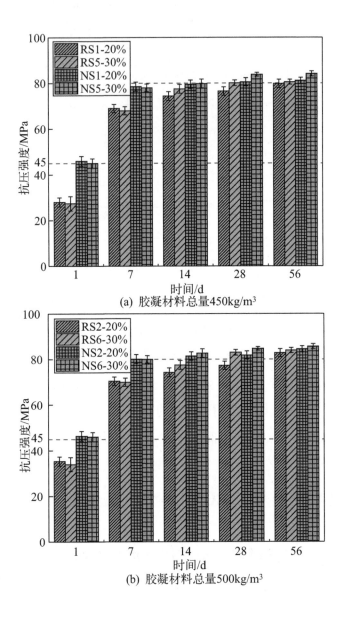

(a) 胶凝材料总量450kg/m³

(b) 胶凝材料总量500kg/m³

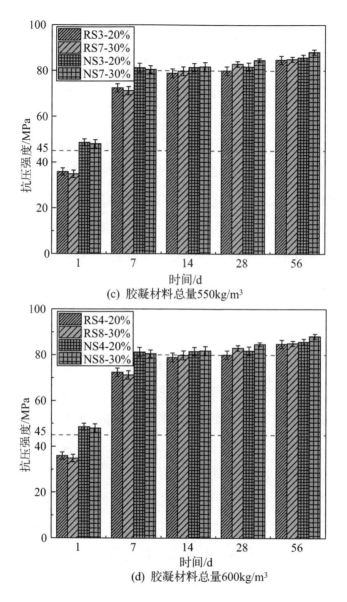

(c) 胶凝材料总量550kg/m³

(d) 胶凝材料总量600kg/m³

图 5-8　单掺矿粉混凝土的抗压强度

的抗压强度分别满足拆模强度和出厂强度，而未掺加纳米 C-S-H-PCE 混凝土的抗压强度未能满足该要求。28d 的抗压强度呈现稳定增长的趋势，保持在 80MPa 以上。另外，图 5-9 为不同龄期下单掺 20％矿粉混凝土的破坏形貌。由图可知，龄期为 1d 时，混凝土只是出现了微裂纹，并没有出现爆裂的现象。而龄期为 7d 时，混凝土出现爆裂现象，28d 时爆裂现象非常明显。对于矿粉掺量为 20％和 30％的混凝土，矿粉掺量增加时，混凝土的抗压强度在误差范围内先减小后增加，但是增加幅度较小。例如，当龄期为 1d 时，相比于配合比 NS2，NS6 的抗压强度降低了 1％；相比于配合比 RS3，RS7 的抗压强度降低了 3％。当龄期为 28d 时，相比于配合比 NS2，NS6 的抗压强度提高了 3.6％；相比于配合比 RS3，RS7 的抗压强度提高了 1％。出现上述现象的主要原因是在水化前期相对于水泥来说，矿粉的活性较低，前期的水化反应主要是水泥水化过程，矿粉水化反应程度并不大。研究表明[104]，高炉矿渣粉在碱性环境中会有利于促进矿粉体系内部化学键（Al—O 键等）的结合与分解。当矿粉掺量增加时，即水泥用量降低，水泥化学反应生成的氢氧化钙降低，导致体系中的碱性环境变弱。因此，前期更高掺量的矿粉水化反应程度并不高，混凝土密实程度不高，导致抗压强度较低。而在后期水泥充分地水化，体系中的氢氧化钙含量足够矿粉进行水化反应，矿粉水化反应也能充分进行，矿粉中的钙离子充分溶解，从而促进了

(a) 1d

(b) 7d

(c) 28d

图 5-9 不同龄期下单掺 20％矿粉混凝土的破坏形貌

C-S-H 凝胶和水化硫铝酸钙（C-S-A-H）凝胶的生成，提高了混凝土抗压强度。此外，由 5.3.1 节也可以看出，增加矿粉掺量使孔径更加细化，且占比最大的凝胶孔和毛细孔比例降低，从而增大了混凝土强度。

5.4.2　粉煤灰和矿粉对混凝土抗压强度的影响

图 5-10 为复掺粉煤灰和矿粉混凝土的抗压强度。图 5-11 为不同龄期下复掺 20％粉煤灰和矿粉混凝土的破坏形貌。从图中可以看出，掺加纳米 C-S-H-PCE 早强剂的混凝土符合管桩规范要求，且破坏形貌与单掺矿粉的规律基本一致。从图 5-10 还可以看出，对于复掺掺量为 20％和 30％的混凝土，复掺掺量增加时，混凝土在误差范围内的抗压强度不断增强，但是增加幅度较小。例如，当龄期为 1d 时，相比于配合比 NFS1，NFS5 的抗压强度提高了 0.4％；相比于配合比 RFS4，RFS8 的抗压强度提高了 6.2％。当龄期为 28d 时，相比于配合比 NFS1，NFS5 的抗压强度提高了 1.2％；相比于配合比 RFS4，RFS8 的抗压强度提高了 3％。出现上述现象的主要原因是：粉煤灰特有的"粉末-微集料效应"为矿粉的化学反应贡献了较多的成核点，使其更多更快地参与反应。同时，粉煤灰的水化反应主要是以氧化铝等化学成分与体系中的碱性物质氢氧化钙反应为主，而矿粉参与的化学反应会生成该物质，这形成了两者之间相互促进化学反应的机制[93]。因此，随着复掺掺量的增加，两者的相互促进作用更加强

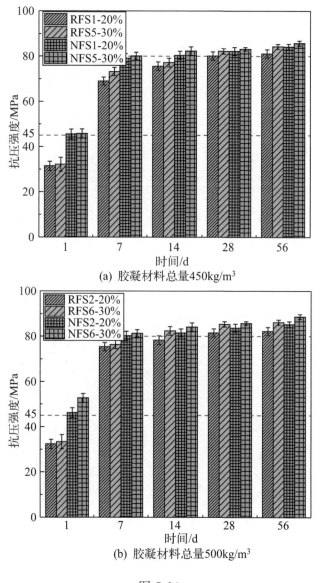

(a) 胶凝材料总量450kg/m³

(b) 胶凝材料总量500kg/m³

图 5-10

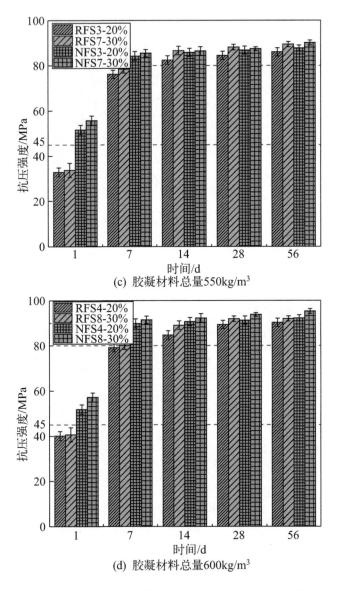

图 5-10　复掺粉煤灰和矿粉混凝土的抗压强度

(a) 1d

(b) 7d

(c) 28d

图 5-11 不同龄期下复掺 20％粉煤灰和矿粉混凝土的破坏形貌

烈，生成的水化硅酸钙等晶体更多，从而使抗压强度不断增强。此外，由 5.3.2 节也可以看出，增加复掺掺量，最可几孔径左移，孔结构更加细化，使得强度增加。

5.4.3 纳米 C-S-H-PCE 早强剂对混凝土抗压强度的影响

由图 5-8 和图 5-10 可以看出，无论是单掺矿粉还是复掺粉煤灰和矿粉，在其它条件一致的情况下，相比于基准组，在 0～7d 内，纳米 C-S-H-PCE 早强剂明显提高了混凝土抗压强度，在 7～56d 内，提高效果并不明显，但未出现强度倒缩现象。对于矿粉混凝土来说，龄期为 1d 时，相比于配合比 RS1，NS1 的抗压强度提高了 65%。对于复掺混凝土来说，龄期为 1d 时，相比于配合比 RFS7，NFS7 的抗压强度提高了 66%。对于矿粉混凝土来说，龄期为 28d 时，相比于配合比 RS1，NS1 的抗压强度提高了 5.1%。对于复掺混凝土来说，龄期为 28d 时，相比于配合比 RFS7，NFS7 的抗压强度提高了 1.4%。

抗压强度提高的主要原因是：掺入纳米 C-S-H-PCE 减小了 C-S-H 晶体物质成核的离子浓度 K_{sp}，使得胶凝材料早期化学反应生成的 Ca^{2+} 和 SiO_4^{2-} 的生成量增加，促进了 C_2S 和 C_3S 的持续水化[37,105]。水化过程的加速增强了 C-S-H 凝胶的聚合程度，使该结构体系产生更多的 C-S-H 等晶体产物，最终大幅度提高了混凝土强度。由 5.2.3 节可以看出，纳米 C-S-H-PCE 早强剂明显促进了水泥净浆的水化过程。而在后期 C-S-H-PCE 早强剂增强效果不明显，这可能是由混凝土内部的孔径分布导致的。掺入纳米 C-S-H-PCE 早强剂之后，C-S-H 晶体物质不仅仅依附在胶凝材料上，同时生长在掺加的纳米 C-S-H 上。因此，随着胶凝材料化学反应的不断进行，产生大量的 C-S-H 晶体物，他们之间相互交错，形成更多的 C-S-H 相界面，进而使凝胶孔和毛细孔的比例增加[37,38]。孔的增多会使基体变得疏松，从而降低了该早强剂对混凝土抗压强度的增强效果。从 5.3.3 节中的孔结构变化曲线可以看出，凝胶孔与毛细孔所占的比例最大。并且当养护龄期为 1d 时，纳米 C-S-H-PCE 早强剂减少了凝胶孔和小毛细孔的数量，而当养护龄期为 28d 时，该早强剂增加了凝胶孔和毛细孔的数量。

5.4.4　混凝土抗压强度与胶凝材料总量、胶水比的关系

由于外界环境以及混凝土内部不同程度的水化过程对混凝土的成型以及后期强度发展有着不同程度的影响，试验中得出的数据表现出一定的离散性。为了将影响降到最低，本书采用"最小二乘法"对每种混凝土配合比的抗压强度进行线性回归处理。通过线性回归得出的一元一次公式可以计算出所需水胶比以及所需胶凝材料用量。

线性回归：通过"最小二乘法"、鲍罗米公式建立各类配合比 28d 时的抗压强度和胶凝材料用量、胶水比的线性关系式 $y = ax + b$，如图 5-12 和图 5-13 所示，参数

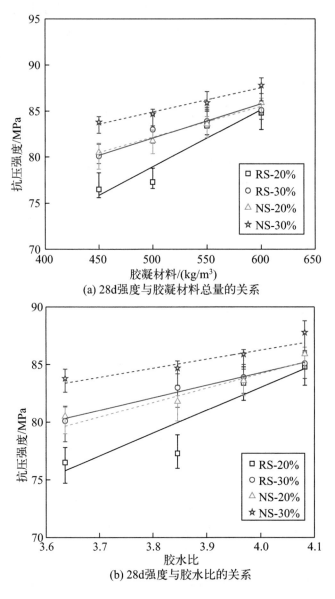

(a) 28d强度与胶凝材料总量的关系

(b) 28d强度与胶水比的关系

图 5-12　矿粉混凝土抗压强度数据线性回归

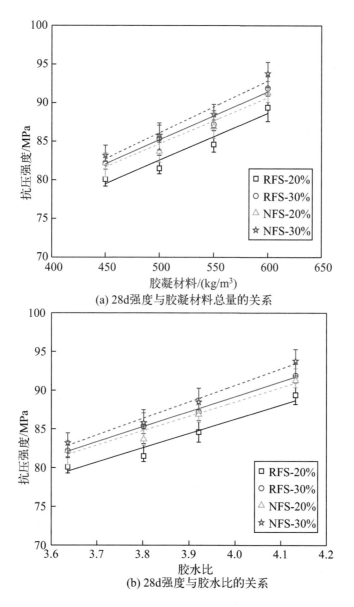

(a) 28d强度与胶凝材料总量的关系

(b) 28d强度与胶水比的关系

图 5-13　粉煤灰和矿粉混凝土抗压强度数据线性回归

免蒸养混凝土制备与性能研究

a，b 如表 5-5 和表 5-6 所示。然后将混凝土的设计强度代入该一元一次函数中计算出相应的胶凝材料总量和水胶比，再通过质量法进而得出各配合比的水泥、矿物质掺合料、砂、石的用量。

表 5-5　28d 强度与胶凝材料总量线性回归方程参数

配方编号	回归方程	R^2
RS-20%	$y=0.062x+47.952$	0.904
RS-30%	$y=0.033x+65.397$	0.935
NS-20%	$y=0.037x+63.358$	0.988
NS-30%	$y=0.026x+71.721$	0.972
RFS-20%	$y=0.061x+52.071$	0.952
RFS-30%	$y=0.062x+54.032$	0.987
NFS-20%	$y=0.060x+54.681$	0.963
NFS-30%	$y=0.067x+52.435$	0.962

表 5-6　28d 强度与胶水比线性回归方程参数

配方编号	回归方程	R^2
RS-20%	$y=19.857x+3.594$	0.908
RS-30%	$y=10.929x+40.583$	0.985
NS-20%	$y=12.530x+34.085$	0.912
NS-30%	$y=7.884x+54.714$	0.899
RFS-20%	$y=18.431x+12.530$	0.955
RFS-30%	$y=18.934x+10.708$	0.967
NFS-20%	$y=18.589x+14.142$	0.973
NFS-30%	$y=21.367x+5.171$	0.991

5.5　本章小结

采用 $450\text{kg}/\text{m}^3$、$500\text{kg}/\text{m}^3$、$550\text{kg}/\text{m}^3$ 和 $600\text{kg}/\text{m}^3$ 四种胶凝材料总量，单掺 20%、30% 的矿粉和按照比例为 1:1 复掺 20%、30% 的粉煤灰和矿粉，并掺入 4% 的纳米 C-S-H-PCE 早强剂，制备了免蒸养 C80 混凝土，并研究了其微观性能及力学性能，主要结论如下。

① 在 0～7d 内，当矿粉、复掺粉煤灰和矿粉掺量增加时，水泥净浆的累计放热量呈现增大的趋势。在 0～3d 内，纳米 C-S-H-PCE 早强剂明显提高了水泥净浆的累计放热量，而在 3～7d 内，两者之间的差距逐渐缩小，且在 7d 时接近于重合。随着矿粉、复掺粉煤灰和矿粉、纳米 C-S-H-PCE 早强剂掺量增加，混凝土的孔结构更加细化。

② 龄期为 1d 和 7d 时，不论是单掺矿粉还是复掺粉煤灰和矿粉，掺加纳米 C-S-H-PCE 混凝土的抗压强度均满足拆模强度 45MPa 和出厂强度 80MPa 的要求，而未掺加纳米 C-S-H-PCE 混凝土的抗压强度未满足该要求。且 28d 后的抗压强度呈现稳定增长的趋势，保持在 80MPa 以上。

③ 当矿粉掺量增加时，混凝土的抗压强度先减小后增加，但是增加幅度较小；当复掺粉煤灰和矿粉掺量增

加时，混凝土的抗压强度不断增加，但是增加幅度较小。在其他条件一致的情况下，相比于基准组，在 0～7d 内，纳米 C-S-H-PCE 早强剂显著增强混凝土的抗压强度。1d 时，增强程度最高可达 70％左右；在 7～56d 内，对混凝土强度影响不大。本章通过"最小二乘法"建立了混凝土 28d 抗压强度与胶凝材料总量、胶水比的关系。

第6章

免蒸养 C80 混凝土自收缩变形性能

PHC 管桩的水胶比（W/B）较低，导致混凝土的自收缩变形在早期阶段尤为明显[106,107]。自收缩变形是体积变形中极其重要的一部分，它主要是由系统内部相对湿度（RH）的降低引起的。在混凝土胶凝材料水化的过程中，孔隙体系中会产生毛细管负压力，使混凝土伴有一定的拉应力。由于材料刚度的限制，当该应力高于结构表层承受极限时，混凝土内外会形成微裂纹，导致有害离子能够轻易地侵入体系内，对其产生损害。随着高性能混凝土的发展，国内外学者将研究主要集中在混凝土结构中的自收缩损伤机理研究[60,108,109]上。相关研究表明，饱和孔隙的数量决定了混凝土内部相对湿度的变化，从而影响混凝土自收缩变形的变化[110]。相对湿度 RH 是影响混凝土自收缩变形的主要因素，相对湿度的降低导致孔隙结构细化，从而增大了混凝土自收缩变形[111]。亟需建立一种高强混凝土自收缩计算模型预测自收缩发生的时间及自收缩变形大小，以便采取保护措施以减轻或减少高强混凝土自收缩变形引起的结构损伤。因此，本章系统研究了矿粉、粉煤灰和矿粉及纳米 C-S-H-PCE 早强剂对混凝土自收缩变形 [根据标准《混凝土结构耐久性设计标准》（GB/T 50476—2019）的要求，混凝土 30d 自收缩要小于 300×10^{-6}]、自收缩零点的影响。基于水化程度和弹性模量的试验结果、修正水化程度模型和弹性模量模型，进一步建立了适用于预测 C80 高强混凝土的自收缩模型。

6.1　试验方案

6.1.1　混凝土配合比

由于设计的 C80 混凝土配合比较多，所以本章选取了八组单掺矿粉的混凝土配合比和八组复掺粉煤灰和矿粉的混凝土配合比进行分析研究，如表 6-1 所示。

表 6-1　混凝土配合比

单位：kg/m^3，除水胶比外

编号	水泥	粉煤灰	矿粉	早强剂	砂	石	PCE	W/B
RS1	360	0	90	0	657	1169	6.75	0.275
RS4	480	0	120	0	595	1058	9.00	0.245
RS5	315	0	135	0	657	1169	6.75	0.275
RS8	420	0	180	0	595	1058	9.00	0.245
RFS1	360	45	45	0	657	1169	6.75	0.275
RFS4	480	60	60	0	596	1059	9.00	0.242
RFS5	315	67.5	67.5	0	657	1169	6.75	0.275

续表

编号	水泥	粉煤灰	矿粉	早强剂	砂	石	PCE	W/B
RFS8	420	90	90	0	596	1059	9.00	0.242
NS1	360	0	90	18	657	1169	5.40	0.275
NS4	480	0	120	24	595	1058	7.20	0.245
NS5	315	0	135	18	657	1169	5.40	0.275
NS8	420	0	180	24	595	1058	7.20	0.245
NFS1	360	45	45	18	657	1169	5.40	0.275
NFS4	480	60	60	24	596	1059	7.20	0.242
NFS5	315	67.5	67.5	18	657	1169	5.40	0.275
NFS8	420	90	90	24	596	1059	7.20	0.242

6.1.2　动弹性模量测试

试验按照国家标准《普通混凝土力学性能试验方法标准》（GB/T 50081—2002）[112] 测试各种混凝土配合比的动弹性模量。试样成型采用 $100mm \times 100mm \times 100mm$ 的塑料模具。采用 NM-4A 超声检测仪（如图 6-1 所示）

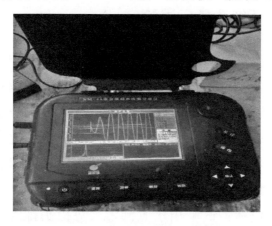

图 6-1　NM-4A 超声检测仪

测其动弹性模量，测量动弹性模量的步骤如下。

① 测试之前先对仪器进行调零处理，即将两探测器对准，仪器中的白线对准"4"后，超声波通过所用的时间显示为 0.00。

② 将试块放于两探测器之间，启动仪器，读取超声波所用的时间数据。

③ 根据公式（6-1）计算动弹性模量。

$$E_{\text{d}}=\frac{(1+\mu)(1-2\mu)\rho v^2}{(1-\mu)}=\frac{(1+\mu)(1-2\mu)\rho L^2}{(1-\mu)t^2} \quad (6\text{-}1)$$

式中　E_{d}——动弹性模量，GPa；

v——超声波声速，m/s；

t——超声波声时，s；

L——试件长度，m；

ρ——混凝土试件密度，kg/m³；

μ——泊松比（取 0.2）。

6.1.3　毛细孔负压试验

本试验采用 SBT-CPⅢ毛细管负压力系统测定混凝土的收缩零点和初凝时间。该系统可实现水泥基材料孔隙毛细管负压力的实时无人值守监测。该系统是基于土壤物理和 Laplace 方程开发而成的[113-115]。该系统由压力变送器、纳米陶瓷头、聚四氟乙烯储水管、毛细管压力测试装置、数据采集器等组成，如图 6-2 所示。详细试验步骤主要包括：试验用水煮沸，水势探头排气（气压为 70～90kPa），传感器装置排水（气压为 20～30kPa），探

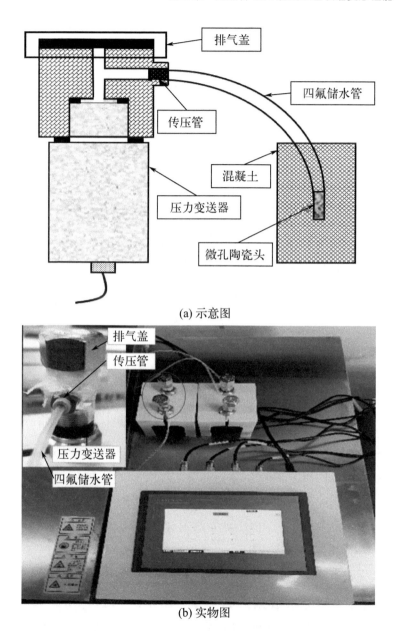

(a) 示意图

(b) 实物图

图 6-2　混凝土内部毛细管负压试验

头埋设［初始值为（0.0±0.5）kPa］。采用 100mm×100mm×400mm 塑料模具，试件浇筑装模后，移入混凝土标准养护室。分析仪将自动记录整个过程中的毛细管负压变化，采集频率为每隔 2 分钟一次。

6.1.4 混凝土温湿度-收缩一体化试验

在本试验中，采用的是收缩变形-温湿度一体化系统，该系统通过传感器测试混凝土内部的收缩变形和温湿度。温湿度传感器的监测量程分别为 $-40\sim80℃$、$0\sim100\%$ RH，精度分别为 $0.1℃$、$\pm2\%$ RH，如图 6-3（a）所示。该传感器可自动进行温湿度补偿，且该传感器需要连接转换器才能使用，如图 6-3（c）所示。温湿度传感器在购买前已校准，无需再次校准。变形传感器采用埋入式变形传感器，其量程为 $\pm4000\times10^{-6}$，精度为 1×10^{-6}，如图 6-3（b）所示。试样采用 100mm×100mm×400mm 的模具，为了减少混凝土发生收缩和膨胀变形时引起的摩擦，在每个模具的侧面和底部预放置了聚四氟乙烯板，其厚度为 2mm。另外，为了保证测试过程中的精度，将变形传感器和温湿度传感器固定在试件的中部。试验装置的实物图和示意图如图 6-3 和图 6-4 所示。

当试件浇筑装模后，将其放入恒温恒湿室进行养护［$T=(20\pm2)℃$，相对湿度≥90%］，该期间采集仪每 30min 采集一次数据。养护至 24h 时，对试件进行拆模，并用厚铝箔纸将其四周密封，继续采集数据，以测量试件的自收缩变形。

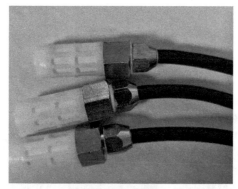

(a) 温湿度传感器

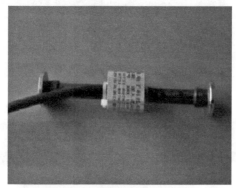

(b) 变形传感器

(c) 温湿度转换器

图 6-3　传感器实物图

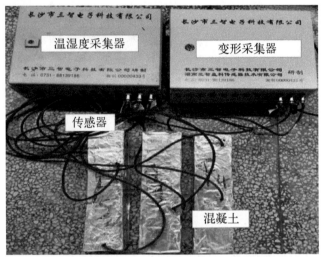

(a) 示意图

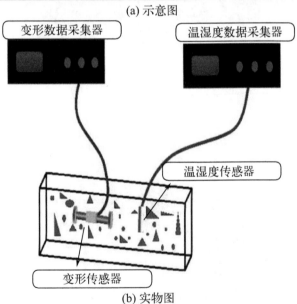

(b) 实物图

图 6-4 试验设备

6.2 免蒸养 C80 混凝土的动弹性模量影响因素分析

弹性模量对于建立混凝土自收缩模型至关重要，它是模型中的一项重要参数。因此，本章研究了矿粉、粉煤灰和矿粉、纳米 C-S-H-PCE 早强剂对动弹性模量的影响规律。

6.2.1 矿粉对混凝土动弹性模量的影响

图 6-5 所示为单掺矿粉混凝土的动弹性模量。从图中可以看出，随着养护龄期的增加，各混凝土的动弹性

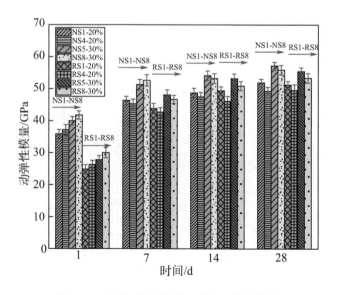

图 6-5 单掺矿粉混凝土的动弹性模量

模量呈现先快速增长后趋于稳定的趋势。对于 NS8 来说，相比于 1d 的动弹性模量，7d 的动弹性模量提高了 26%，而相对于 14d 的动弹性模量，28d 的动弹性模量仅仅提升了 5%。另外，对于矿粉掺量为 20% 和 30% 的混凝土，在同一养护龄期且矿粉掺量增加时，在试验误差内增大了动弹性模量，但是增加幅度较小。这是因为混凝土体系中碱性离子促进了更多的矿粉发生水化反应，产生了更多的 C-S-H、C-S-A-H 等晶体产物，从而增强了混凝土的界面密实性[104]。

6.2.2 粉煤灰和矿粉对混凝土动弹性模量的影响

图 6-6 所示为复掺粉煤灰和矿粉混凝土的动弹性模

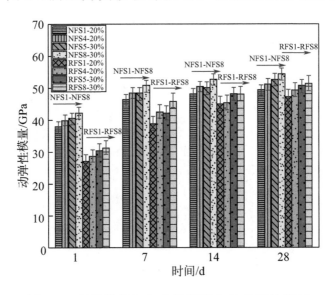

图 6-6 复掺粉煤灰和矿粉混凝土的动弹性模量

量。从图中可以看出，随着养护龄期的增加，混凝土动弹性模量先增长后稳定。对于 NS8 来说，相比于 1d 的动弹性模量，7d 的动弹性模量提高了 21%，而相对于 14d 的动弹性模量，28d 的动弹性模量仅仅提升了 3%。另外，对于复掺掺量为 20% 和 30% 的混凝土，在同一养护龄期且复掺掺量增加时，混凝土的动弹性模量在试验误差内变化较小。

6.2.3 纳米 C-S-H-PCE 早强剂对混凝土动弹性模量的影响

由图 6-5 和图 6-6 可以发现，在前 7d 内，相比于未掺加纳米 C-S-H-PCE 早强剂的混凝土，纳米 C-S-H-PCE 早强剂明显增大了混凝土的动弹性模量，然而在 7d 之后，两者的动弹性模量相差并不大。形成这种现象的原因与 5.4.3 中纳米 C-S-H-PCE 早强剂对混凝土抗压强度影响的原因基本一致。

6.3 免蒸养 C80 混凝土自收缩零点分析

目前，混凝土收缩零点是该领域内学者研究的重要热点，收缩零点的确定对于混凝土收缩开裂风险的评定至关重要。确定收缩零点主要是为了明确混凝土开始收缩的起点和评价混凝土开裂风险。混凝土发生收缩的起始点不同，后期混凝土收缩变形的处理结果也会不相同。因此，只有准确地确定收缩零点才会使误差降到最低。国内外学者对于收缩零点的确定并没有形成统一的判定标准，并且测试方法也未形成统一。大多数研究者主要采用贯入阻力法、收缩变形峰值法、毛细孔负压法来确定该零点。贯入阻力法主要是通过贯入阻力仪进行测试的，即分别施加 3.5MPa 和 28MPa 的有效力来表征初、终凝时间。但是由 Yoo[116]、缪昌文[117] 等的研究可知，采用贯入阻力法其实是相对武断的，这与混凝土的收缩变形并没有直接的关系。另外，采用混凝土收缩变形曲线峰值作为零点的方法目前并没有形成统一的定义。因为在混凝土中掺入大量的矿物掺合料，会使混凝土早期变形出现膨胀现象，导致有的学者将膨胀峰值对应的时刻作为混凝土收缩零点[118]，所以我们不予采用。相比较于前文所述，采用毛细管负压测试方法，能够更加准确地阐述收缩零点的物理含义，且能实时测试实际工程中混凝土的收缩发展情况，更具有实际意义[119]。所以，采用毛细孔负压法来确定混凝土的自收缩零点。

6.3.1　不考虑自收缩零点的混凝土自收缩变形

图 6-7 和图 6-8 所示分别为单掺矿粉、复掺粉煤灰和矿粉混凝土 0～30d 的全自收缩变形。从图中可以看出，30d 的自收缩小于 300×10^{-6}，满足标准要求。混凝土早期变形过程简单分为三个过程：微膨胀变形、急剧收缩

变形、稳定收缩变形。微膨胀变形：在此阶段混凝土坍落度较低，稳定在 30～50mm 之间，导致胶凝材料水化反应使整个混凝土体系宏观表现为塑性沉降，从而使混凝土前期出现微膨胀现象。另外，矿粉也会增大该现象。这主要是由于矿粉和粉煤灰中还有大量的硫和铝元素，在水化过程中产生钙矾石，从而促进膨胀现象的发生[120]。急剧收缩变形：掺入矿粉、粉煤灰和矿粉、纳米

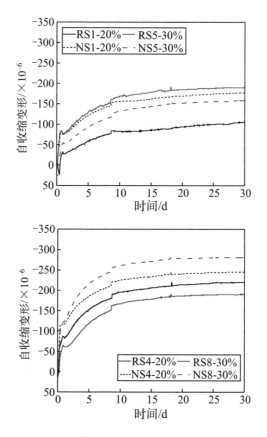

图 6-7　单掺矿粉混凝土 0～30d 的全自收缩变形

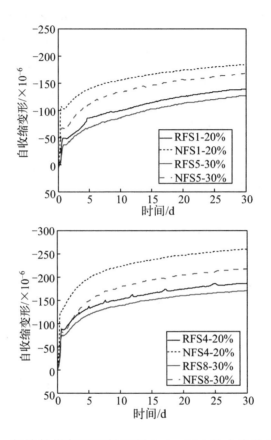

图 6-8　复掺粉煤灰和矿粉混凝土 0～30d 的全自收缩变形

C-S-H-PCE 早强剂明显增大了水泥净浆的累计放热量（详见本书 5.2 节），使混凝土自收缩值快速增长。稳定收缩变形：7d 之后混凝土刚度逐渐增大，并且水化程度接近于饱和，导致自收缩逐渐平缓，趋于稳定。

通过上述分析可知，膨胀变形与收缩变形是相对独立的，为了避免膨胀变形影响自收缩变形的分析，需要通过自收缩零点将其减去。另外，后文中的自收缩模型默认是以零点开始的，因此，准确确定自收缩零点是非常必要的。

6.3.2　矿粉对混凝土自收缩零点的影响

图 6-9 所示为单掺矿粉混凝土的毛细孔负压变化曲线。从图中可以看出，对于不同类型的混凝土，毛细孔负压随

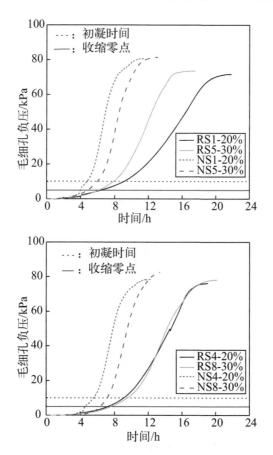

图 6-9　单掺矿粉混凝土的毛细孔负压变化曲线

着时间变化的规律基本相同。在前 3 个小时范围内，毛细孔负压变化几乎为零，且增长速度较慢，在此之后毛细孔负压增长速度加快，很快出现明显的转折区（快速上升阶段），并且很快突破 70kPa（85kPa 为该系统的测量限制范围，当达到这个范围附近时，混凝土的毛细孔负压开始降低）。上述规律可通过公式（6-2）Laplace 方程解释[98,121]。

$$\sigma_{cap} = \frac{-2\gamma\cos\theta}{r} \tag{6-2}$$

式中　σ_{cap}——孔负压力，N；

　　　γ——湿润势能，N/mm；

　　　θ——接触角，（°）；

　　　r——半径，mm。

在毛细孔负压变化过程中，前 3h 左右，混凝土早期水泥水化过程仅仅处于诱导期阶段，混凝土体系还呈现为弹塑性状态，该过程仅仅发生化学收缩，产生的变形均为体积变形，且仅仅是固相体积的增加，并没有形成弯液面，所以此阶段毛细孔负压为零。此后，随着水化的不断进行，水化过程进入加速阶段，不断生成 C-S-H 等水化产物，这些凝胶物彼此连接，在内部开始生成以固相结构为主的网络构架，并且随着胶凝材料的进一步化学反应，化学减缩转化为空孔，即弯液面生成。体系内部的自由水开始由大孔流向小孔，导致孔径缩小，结构体系内部的毛细负压力从而不断增强。由此可知，毛细孔负压的快速增长转折区（毛细孔负压 5kPa 对应的时刻）可作为混凝土的自收缩零点，如图 6-9 所示中的水平实线所对应的时刻，将毛细孔负压 10kPa 对应的时刻作初凝时间，如图 6-9 所示中的水平虚线所对应的时刻，且在表 6-2 中列出。

表 6-2　单掺矿粉各配合比的收缩零点和初凝时间

单位：h

配方编号	RS1	RS4	RS5	RS8	NS1	NS4	NS5	NS8
收缩零点	6.4	7.2	6.2	7.6	4.0	4.6	4.8	6.1
初凝时间	7.0	7.3	8.3	8.2	4.4	5.1	4.9	6.4

由图 6-9 可知，各配合比（W/B 低于 0.3）的自收缩零点快于初凝时刻。缪昌文等[114] 研究发现，对于 W/B 高于 0.4 的配合比，其收缩零点慢于初凝时刻，这说明通过将初凝时间作为混凝土的自收缩零点具有较大的不确定性。另外，从图 6-9 还可以看出，对于矿粉掺量为 20％和 30％的混凝土，在同等条件下，增加矿粉掺量，延长了免蒸养 PHC 管桩混凝土的初凝时间和毛细管负压增长时间。例如，对于掺加纳米 C-S-H-PCE 早强剂的混凝土，相比于 NS1，NS5 的收缩零点、初凝时间分别延迟了 0.8h、1.3h；相比于 NS4，NS8 的自收缩零点、初凝时间分别延迟了 1.5h、1.6h。这主要是因为相对于水泥水化过程来说，矿粉水化过程较慢，加入更多的矿粉，水泥用量相应减少，使得胶凝材料水化过程变慢，导致混凝土中自由水消耗速率变低，进而导致混凝土内部固相结构体系形成较慢，延缓了毛细孔的形成，从而延长

了初凝时间和毛细孔负压快速增长的时间。这一解释也可以通过 5.2.1 节中得到证实，即增加矿粉掺量延迟了水泥净浆的加速期，从而使水化反应变慢。

6.3.3 粉煤灰和矿粉对混凝土自收缩零点的影响

图 6-10 为复掺粉煤灰和矿粉混凝土的毛细孔负压变化曲线。从图中可以看出，毛细孔负压的快速转折区和

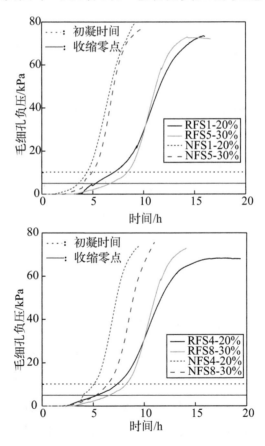

图 6-10 复掺粉煤灰和矿粉混凝土的毛细孔负压变化曲线

初凝时间分别出现在毛细孔负压为 5kPa 和 10kPa 对应的时刻处，如图中水平实线和水平虚线所对应的时间，并在表 6-3 中列出。对于复掺掺量为 20% 和 30% 的混凝土，当其他条件一致时，增加复掺掺量，延迟了混凝土的自收缩零点和初凝时间。相对于 RFS4，RFS8 的自收缩零点和初凝时间分别延迟了 1.1h、0.9h；相对于 NFS1，NFS5 的自收缩零点和初凝时间分别延迟了 0.5h、1.3h。出现此现象的原因可由 5.2.2 节中复掺掺量对水泥净浆水化速率的影响进行解释，随着复掺掺量的增加，水泥净浆的加速期明显延迟，导致体系内部固相结构的形成速率变慢。

表 6-3　复掺粉煤灰和矿粉各配合比的收缩零点和初凝时间

单位：h

配合比编号	RFS1	RFS4	RFS5	RFS8	NFS1	NFS4	NFS5	NFS8
收缩零点	5.3	5.4	6.7	6.5	3.6	4.0	4.1	5.2
初凝时间	7.0	7.3	8.4	8.2	4.7	5.5	6.0	7.1

6.3.4　纳米 C-S-H-PCE 早强剂对混凝土自收缩零点的影响

由图 6-9 和图 6-10 可知，对于矿粉、复掺粉煤灰和矿粉混凝土来说，当掺量相同且胶凝材料用量相同时，相比于未掺加纳米 C-S-H-PCE 早强剂的混凝土，掺加纳米 C-S-H-PCE 早强剂提前了混凝土的自收缩零点。相比于 RS1，NS1 的自收缩零点提前了 2.4h；相比于 RFS5，NFS5 的自收缩零点提前了 2.6h。这主要是因为纳米 C-S-H-PCE 早强剂增加了化学结合水中 OH⁻ 或中性离子的数量，以便更好地与化学键或氢键结合，促进水化过程[122]，从而促进了毛细孔的生成，进而提前混凝土的毛细孔快速增长转折区（自收缩零点）。

6.4　免蒸养 C80 混凝土自收缩变形性能

6.4.1　矿粉对混凝土自收缩的影响

试验在恒温恒湿实验室内进行，室内温度变化较小，因此，温度变形不考虑，测得的收缩均为自收缩。图 6-11 为单掺矿粉混凝土零点后 0～30d 的自收缩变形。从图中可以看出，零点后的自收缩变形在 1d 内迅速增加，1～7d 逐渐减缓，7d 后达到稳定状态。对于矿粉掺量为 20% 和 30% 的混凝土，当其他条件一致且矿粉掺量增加时，混凝土自收缩变形呈现增大趋势。养护龄期为 7d 时，对于未掺加纳米 C-S-H-PCE 早强剂的混凝土，相对于 RS1，RS5 的自收缩变形提高了 14%。养护龄期为 7d 时，对于掺加纳米 C-S-H-PCE 早强剂的混凝土，相对于 NS1，NS5 的自收缩变形提高了 7.5%。出现上述的现象

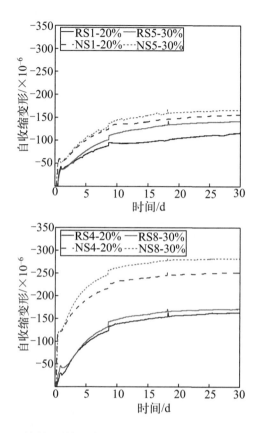

图 6-11　单掺矿粉混凝土零点后 0～30d 的自收缩变形

的原因如下：一方面，当增加矿粉掺量时，矿粉中的 SiO_2 以及 Al_2O_3 会增多，尤其是 Al_2O_3 会增加水化产物的种类，包括 C-S-H、C-A-S-H、CACH、C_4AH_{13} 等水化产物，这些水化产物中含有较多的结合水，对混凝土的自收缩影响较大[58,123,124]，并且混凝土体系中含有更高的钙硅比及 C-A-S-H，从而导致更大的自收缩变形[125,126]；另一方面，由本书 5.3.1 节可知，当养护龄期为 1d 和 28d 时，增加矿粉掺量，大、小毛细孔所占的比例增加，同时它们的孔径左移，从而增大了混凝土自收缩变形。

图 6-12 所示为单掺矿粉混凝土零点后 0～30d 的相对湿度变化。在数据处理过程中，由于试验测得的相对湿度有一个损失量，所以需要对试验测得的相对湿度进行修正，可表示为 $RH_k = RH/RH_S$。RH_S 是指相对湿度的

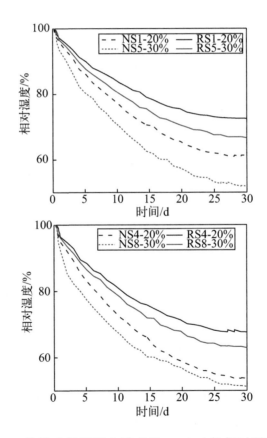

图 6-12　单掺矿粉混凝土零点后 0～30d 的相对湿度变化

损失量，这是由于孔隙溶液中的溶解盐以及本研究中使用的有机添加剂（纳米 C-S-H-PCE 早强剂）的存在而导致的；RH 是指试验测得的相对湿度。根据拉乌尔定律[127]，RS1～RS8 和 NS1～NS8 配合比的相对湿度损失量 RH_s 分别为 98.0% 和 96.0%。另外，由图 6-12 可以看出，当其他条件一致且矿粉掺量增加 10% 时，混凝土内部的相对湿度下降得更快。

图 6-13 所示为单掺矿粉混凝土自收缩变形与 ln(RH) 相关性。从图中可以看出，在收缩早期，自收缩变形与 ln（RH）表现为一条垂直的直线，此阶段是湿度饱和期，相对湿度近乎 100%。该阶段的收缩最大值是 RH 开始下降时的值。另一阶段是 RH 不断降低的过程，如式（6-3）所示。该阶段自收缩变形与 ln(RH) 的线性关系良好，自收缩与 ln（RH）的线性拟合系数 R^2 维持在 0.90 左右。值得注意的是，线性相关系数 R^2 并没有超过 0.93，这可能是由于弹性模量不断发展的结果。因此毛细孔负压理论对于解释由相对湿度下降引起的自收缩变形有良好的适用性。

$$\varepsilon_w = \varepsilon_c + 100 k_H \left(\ln \frac{100}{RH} \right) \tag{6-3}$$

式中　ε_w——混凝土相对湿度引起的自收缩，$\times 10^{-6}$；

ε_c——临界时间对应的自收缩，$\times 10^{-6}$；

k_H——变化速率。

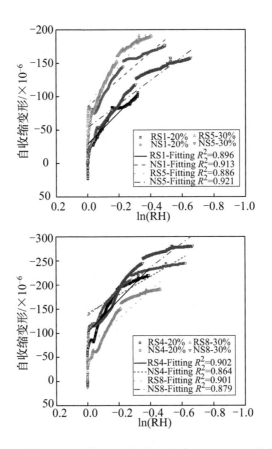

图 6-13　单掺矿粉混凝土自收缩变形与 ln(RH) 的相关性

　　单掺矿粉混凝土自收缩与水泥净浆的累计放热量关系如图 6-14 所示。从图中可以看出，无论是掺加纳米 C-S-H-PCE 早强剂的混凝土还是没掺加的混凝土，除了 RS5，其它混凝土的自收缩与累计放热量相关性 R^2 均在 0.900 以上，这说明它们之间具有较好的关联性，胶凝材料水化引起的体积变形在本质上表现为混凝土的自收缩变形。

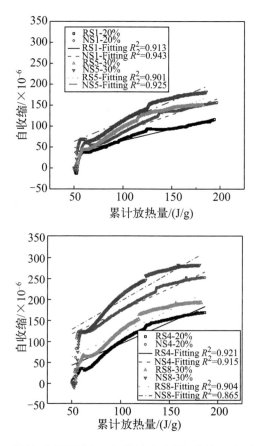

图 6-14　单掺矿粉混凝土自收缩与累计放热量的线性关系

在前三天，水泥净浆的水化程度迅速增加，导致混凝土的自收缩变形发展加快。而在 7 天后，混凝土具有较大的刚度，并且水化程度发展缓慢，接近于饱和，所以混凝土的自收缩变形发展较慢，接近于平缓。

6.4.2　粉煤灰和矿粉对混凝土自收缩的影响

图 6-15 和图 6-16 所示分别为复掺粉煤灰和矿粉混凝

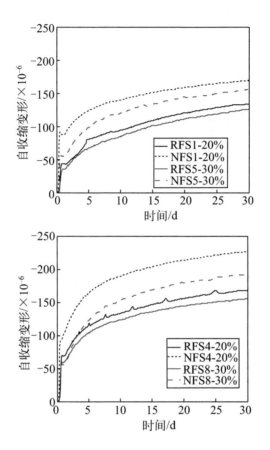

图 6-15 复掺粉煤灰和矿粉混凝土零点后 0～30d 的自收缩变形

土零点后 0～30d 的自收缩变形和相对湿度变化。图 6-16
是根据拉乌尔方程定律处理后的相对湿度，RFS1～
RFS8 和 NFS1～NFS8 配合比的相对湿度损失量 RH_s 分
别取 98.0% 和 96.0%。由图 6-15 可知，混凝土零点后的
自收缩变形在 1d 内呈直线上升，收缩速率较大，在 1～
30d 内收缩速率逐渐减缓，并在 30d 后达到稳定状态。另

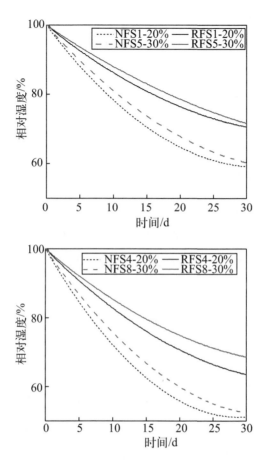

图 6-16　复掺粉煤灰和矿粉混凝土零点后 0～30d 的相对湿度变化

外，对于复掺掺量为 20％和 30％的混凝土，当其他条件一致且复掺掺量增加时，混凝土自收缩变形呈现降低的趋势。在龄期为 7d 时，对于未掺加纳米 C-S-H-PCE 早强剂的混凝土来说，相对于 RFS1，RFS5 的自收缩降低了 11.36％。在龄期为 7d 时，对于掺加纳米 C-S-H-PCE

早强剂的混凝土来说，相对于 NFS4，NFS8 的自收缩降低了 21.78%。出现上述现象的原因如下：一方面，由 Kelvin-Laplace 方程[121,128] 可知，相对湿度不断降低会使孔隙内部形成弯月液面，导致孔结构产生毛细负压力，从而发生收缩现象。从图 6-16 可以看出，在同一龄期，增加复掺矿物掺合料掺量，混凝土相对湿度更高，导致发生更小的自收缩变形。另一方面，由本书 5.3.2 节可知，当养护龄期为 1d 时，增加复掺矿物掺合料掺量，虽然小毛细孔所占的比例微增大，但是孔径增大幅度较大。同时，大毛细孔的比例减小且孔径右移。当养护龄期为 28d 时，增加复掺矿物掺合料掺量，大、小毛细孔的比例减小且孔径右移。所以由 Kelvin-Laplace 公式可知，复掺矿物掺合料掺量更多的混凝土自收缩变形更小。

图 6-17 所示为复掺粉煤灰和矿粉混凝土自收缩变形与 ln(RH) 的相关性。从图中可以看出，自收缩变形与 ln(RH) 的线性相关性很好，自收缩与 ln(RH) 的线性拟合系数 R^2 维持在 0.900 左右。

图 6-18 所示为复掺粉煤灰和矿粉混凝土自收缩变形与累计放热量的相关性。从图中可以看出，各混凝土的自收缩变形与水泥净浆的累计放热量的相关性系数 R^2 基本稳定在 0.900 以上，这说明水泥净浆的水化过程对混凝土自收缩变形的发生有着较大影响，对于分析混凝土自收缩机理至关重要。

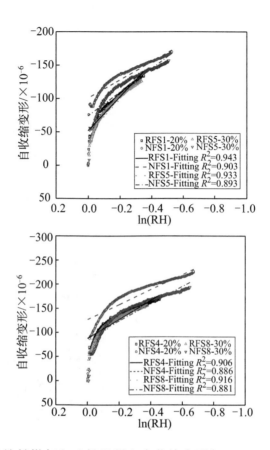

图 6-17　复掺粉煤灰和矿粉混凝土自收缩变形与 ln(RH) 的相关性

6.4.3　纳米 C-S-H-PCE 早强剂对混凝土自收缩的影响

由图 6-11、图 6-12 和图 6-15、图 6-16 可知，当其他条件一致时，与未掺加纳米 C-S-H-PCE 早强剂的混凝土相比，掺加纳米 C-S-H-PCE 早强剂的混凝土 NS1-20％、

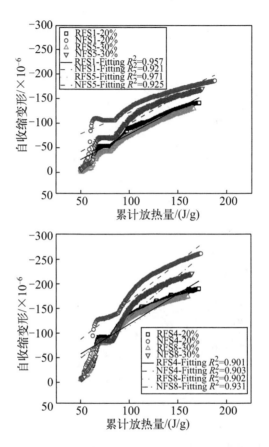

图 6-18　复掺粉煤灰和矿粉混凝土自收缩变形与累计放热量的相关性

NS4-20％、NS5-30％、NS8-30％、NFS1-20％、NFS4-20％、NFS5-30％和 NFS8-30％在 7d 的自收缩变形分别增大了 43.32％、74.15％、34.45％、70.62％、51.14％、43.20％、42.30％、21.74％。这主要是因为，在同一龄期，相比于未掺加纳米 C-S-H-PCE 的混凝土，掺加纳米 C-S-H-PCE 混凝土的相对湿度下降得更快，如图 6-12 和

图 6-16 所示。另外，由 5.3.3 节可知，掺入纳米 C-S-H-PCE 早强剂后，养护龄期为 1d 时，大毛细孔的比例增大，养护龄期为 28d 时，大、小毛细孔的比例增大，并且毛细孔孔径左移，从而导致自收缩增大。

6.4.4　免蒸养 PHC 管桩混凝土自收缩机理分析

图 6-19 所示为免蒸养 PHC 管桩混凝土自收缩变形示意图。由图 6-19 (a) 可知，混凝土在凝结之前，骨料分散在各处，其内部的网络结构具有较多的自由水，由于胶凝材料水化程度较低，孔隙中的水接近饱和。因此，混凝土此时处于弹塑性状态，体积变化表现为弹塑性沉降，塑性沉降会导致混凝土出现侧向膨胀变形。然而，由于该混凝土的早强特性，相比于普通混凝土，内部自由水消耗速度较快，弹塑性状态维持时间较短。因此，此时混凝土变形行为表现为微膨胀变形。

由图 6-19 (b) 可知，随着胶凝材料水化的不断进行，胶凝状物质不断生成，混凝土内部固相结构相互搭接形成自支撑体系，足以支撑混凝土自重。因此，在 5h 左右，混凝土完成了从塑性状态到固体状态的转变，在此过程中收缩零点出现。在收缩零点之后，水泥水化产生的化学收缩少部分转化为宏观体积收缩。一部分化学收缩由于受到已有的混凝土体系固相结构的限制使内部开始形成毛细孔。此时，混凝土内部的毛细孔大小不一，错综复杂。当混凝土内部的自由水被水化物分割时，混凝土内部 RH 下降速度加快。根据最小能量原理，在毛细管压力的驱动下，水从大孔隙迁移到小孔隙，弯月液面开始形成，从而实现热力学平衡。因此，在此之后混凝土的自收缩变形发展加快，如图 6-19（c）所示。另外，当混凝土的刚度达到极限且水化过程接近饱和时，混凝土的自收缩变形趋于稳定。

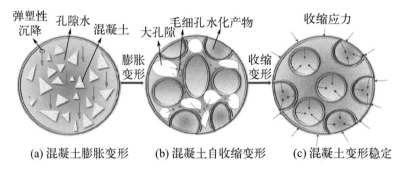

(a) 混凝土膨胀变形 (b) 混凝土自收缩变形 (c) 混凝土变形稳定

图 6-19 免蒸养 PHC 管桩混凝土自收缩变形示意图

6.5 免蒸养 C80 混凝土自收缩变形预测方法

混凝土自收缩变形受到水胶比、掺合料、外加剂及试件尺寸等多方面因素的影响。目前，国内外着重于研究混凝土的测量方法及影响因素等，而混凝土的自收缩预测模型研究较少，导致该类模型尚不完善。总体来说，混凝土自收缩模型的建立主要分为两种：一种是根据混凝土的变形机理建立的，从变形本质上来预测客观的试验现象；另一种是根据大量试验数据得出来的试验模型，属于经验式或半经验式预测模型，具有较大的离散性以及不确定性。而本书通过前述章节对自收缩变形与水化程度、相对湿度关系的分析可以发现，自收缩变形发生主要是因为混凝土内部早期不断地水化，导致孔隙内部自由水被消耗，混凝土内部相对湿度不断下降，从而产生了毛细张力作用。因此，本节基于水化程度、弹性模量以及孔径分布，以相对湿度下降变化为内因建立 C80 免蒸养混凝土自收缩预测模型。

6.5.1 水化程度修正模型

混凝土中水泥净浆的水化程度（简称水化度 α）对于建立混凝土自收缩计算模型至关重要。水化度可通过本书 5.2 节中的累计放热量来计算，如式（6-4）所示。在公式（6-4）中，$Q(t)$ 代表累积放热量，$Q(u)$ 代表极限放热量。研究表明，纯水泥基材料的 $Q(u)$ 由 Bogue 模型公式来计算[129,130]，经过计算其 $Q(u)$ 为 557.162J/g。而含有矿物掺合料样品的 $Q(u)$ 是通过考虑水泥的含量来进行计算的。因此，掺量为 30% 和 20% 水泥净浆的 $Q(u)$ 分别为 389.9J/g 和 445.6J/g，进而可计算出单掺矿粉、复掺粉煤灰和矿粉水泥净浆的水化度，如图 6-20（a）和图 6-20（b）所示。

$$\alpha(t) = \frac{Q(t)}{Q(u)} \tag{6-4}$$

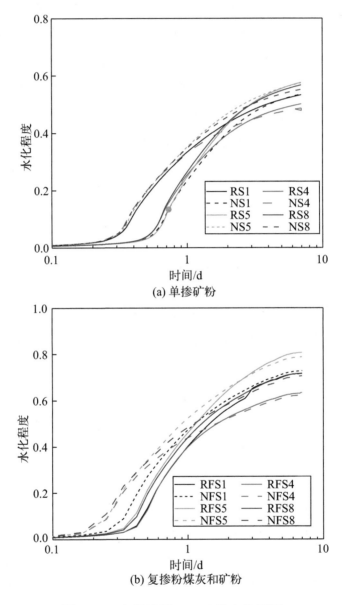

(a) 单掺矿粉

(b) 复掺粉煤灰和矿粉

图 6-20　水泥净浆 0～7d 的水化程度

胶凝材料水化过程是一个放热过程，导致混凝土内部的温度不断变化。因此，为了消除混凝土初始温度的影响，使水泥水化度更具有普遍意义，同时为了计算未测量的水化程度和弹性模量，在此引入了"等效龄期" Arrhenius 方程[131,132]，如式（6-5）所示，该公式可以将不同温度下的水化龄期转换为同一标准温度下的等效水化龄期，各混凝土内部的温度变化曲线如图 6-21 所示。

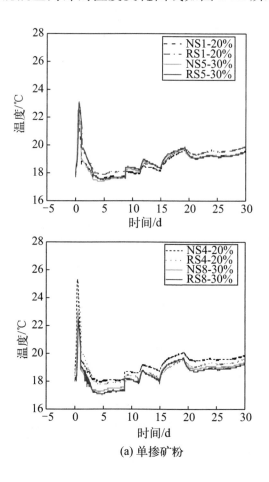

(a) 单掺矿粉

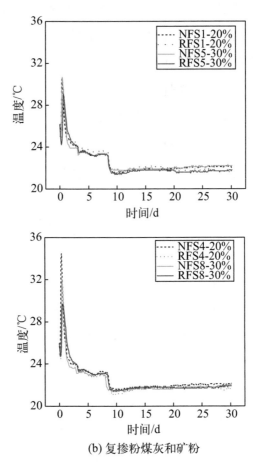

(b) 复掺粉煤灰和矿粉

图 6-21　混凝土内部温度变化

　　另外，水化程度可由式（6-6）[118,133] 进行计算，试验参数 g 和 f 可通过拟合前 7d 的水化程度（如图 6-20 所示）获得。而水泥净浆 7d 之后的水化程度可通过式（6-5）和式（6-6）计算获得，单掺矿粉水泥净浆 7d 之后的水化程度可由图 6-22 得到，复掺粉煤灰和矿粉水泥净

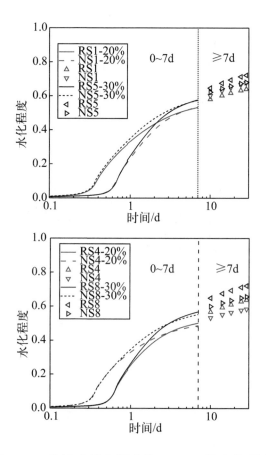

图 6-22　单掺矿粉水泥净浆 0～30d 的水化程度

浆 7d 之后的水化程度由图 6-23 得到。

$$t_e(T_r) = \sum_0^t \exp\left[-\frac{E_a}{R} \cdot \left(\frac{1}{T} - \frac{1}{T_t}\right)\right] \cdot \Delta t \qquad (6\text{-}5)$$

$$\alpha = \exp\left\{-\left[\ln\left(1 + \frac{t_e}{g}\right)\right]^f\right\} \qquad (6\text{-}6)$$

式中　t_e——等效时间，d；

T——参考温度，取 293K；

T_t——t 时刻的温度，K；

R——空气常量，取 8.314J/(mol·K)；

E_a——表观活化能，取 35 kJ/mol[134]；

α——水化程度；

g，f——拟合参数，如表 6-4 和表 6-5 所示。

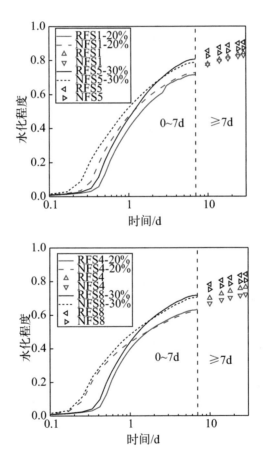

图 6-23　复掺粉煤灰和矿粉水泥净浆 0~30d 的水化程度

表 6-4　单掺矿粉水泥净浆水化程度拟合参数

配合比编号	g	f	R^2
RS1	0.827	-0.633	0.973
RS4	1.176	-0.676	0.959
RS5	0.989	-0.911	0.978
RS8	0.942	-0.890	0.977
NS1	1.157	-0.794	0.977
NS4	0.903	-0.494	0.954
NS5	0.693	-0.716	0.983
NS8	0.730	-0.655	0.977

表 6-5　复掺粉煤灰和矿粉水泥净浆水化程度拟合参数

配合比编号	g	f	R^2
RFS1	0.416	-1.244	0.987
RFS4	0.455	-0.949	0.953
RFS5	0.427	-1.198	0.989
RFS8	0.381	-1.228	0.966
NFS1	0.302	-1.131	0.989
NFS4	0.319	-0.762	0.945
NFS5	0.248	-1.298	0.989
NFS8	0.290	-1.019	0.951

6.5.2　混凝土弹性模量修正模型

弹性模量计算模型采用 CEB-FIP 模型，如式（6-7）

所示，原公式中的 t_0 代表初凝时间，但本书模型起始点均为自收缩零点。通过 6.3 节的分析可知，自收缩零点与初凝时间具有较大差距。因此，本书将 t_0 修正为自收缩零点。通过该公式拟合试验数据得出 s 和 n 的值，如图 6-24、图 6-25、表 6-6 和表 6-7 所示。可以看出，该模型与试验数据拟合效果较好，R^2 都在 0.99 以上，由此

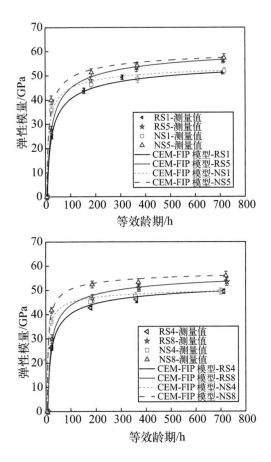

图 6-24　单掺矿粉混凝土弹性模量线性拟合

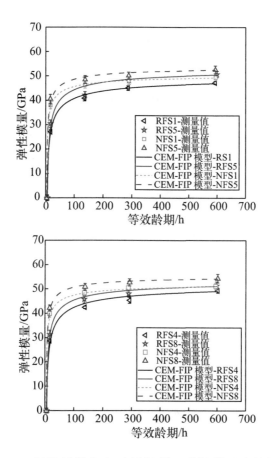

图 6-25　复掺粉煤灰和矿粉混凝土弹性模量线性拟合

可知，该方程对于预测弹性模量具有很好的适用性。所以采用该方程获得后文模型中需要的弹性模量。此外，虽然 CEB-FIP 模型较适用于本书，但如果其它模型能更好地预测弹性模量，也可以使用。

$$E(t_e) = E_{28} \cdot \{\exp[s \cdot (1 - \sqrt{672/(t_e - t_0)})]\}^n$$

$$(6\text{-}7)$$

式中　t_e——等效龄期，可由式（6-5）计算得到，h；

　　　　E_{28}——混凝土 28d 的动弹性模量，GPa；

　　　　t_0——指自收缩零点时间，h；

　　　　s，n——常数，可通过对试验数据线性回归获得。

表 6-6　单掺矿粉混凝土弹性模量拟合参数

配合比编号	s	n	R^2
RS1	0.380	0.38	0.997
RS4	0.301	0.40	0.996
RS5	0.353	0.39	0.999
RS8	0.300	0.38	0.998
NS1	0.195	0.45	0.996
NS4	0.152	0.38	0.991
NS5	0.239	0.39	0.997
NS8	0.163	0.38	0.992

表 6-7　复掺粉煤灰和矿粉混凝土弹性模量拟合参数

配合比编号	s	n	R^2
RFS1	0.223	0.380	0.993
RFS4	0.200	0.451	0.992
RFS5	0.212	0.380	0.995
RFS8	0.168	0.436	0.999
NFS1	0.109	0.443	0.998
NFS4	0.120	0.380	0.997
NFS5	0.119	0.410	0.998
NFS8	0.095	0.443	0.997

6.5.3　考虑饱和系数的混凝土自收缩修正模型

由 6.4.4 节混凝土自收缩变形机理的分析可知，混凝土自收缩零点将早期自收缩变形分为两个阶段：一是零点之前化学减缩引起的宏观变形（RH 饱和阶段，即 RH＝100%），二是相对湿度下降引起的自收缩变形（RH 下降阶段，即 RH＜100%）。

相对湿度饱和阶段，由化学减缩引起的收缩变形 ε 可以通过式（6-8）计算，但是该阶段的收缩引起混凝土开裂的风险较小，所以本书不予考虑。

$$\varepsilon = 1 - [1 - k_1 E^{k_2} \cdot (V_{cs} - V_0)]^{1/3} \tag{6-8}$$

式中　　ε——化学收缩；

V_{cs}——任一龄期的化学减缩，采用 Powers 公式估算[58]；

V_0——初凝的化学减缩；

E——动弹性模量，GPa；

k_1，k_2——试验参数。

相对湿度下降阶段，由 Kelvin-Laplace 方程可知，相对湿度 RH 与毛细孔弯月液面半径 r 之间的关系可以表示为：

$$RH = \exp\left(-\frac{2\gamma M \cos\theta}{\rho r R T}\right) \tag{6-9}$$

式中　M——水的摩尔质量，0.01802kg/mol；

θ——接触角，(°)；

γ——水的湿润势能，取 0.073N/m；

ρ——水的密度，取 1000kg/m^3；

r——毛细孔弯月液面半径，nm；

R——摩尔气体常数，取 8.314J/(mol·K)；

T——开尔文温度，K。

假设水与水泥石之间的湿润角为 0，则弯月液面曲率半径可由式（6-10）计算。进而可根据 Kevin-Laplace 方程计算混凝土内部产生的收缩应力，如式（6-11）所示。

$$r = -\frac{2\gamma M}{\ln(\mathrm{RH})\rho RT} \qquad (6\text{-}10)$$

$$\sigma_{\mathrm{cap}} = -\frac{\ln(\mathrm{RH})\rho RT}{M} \qquad (6\text{-}11)$$

式中 r——毛细半径，nm；

σ_{cap}——毛细孔负压力，N。

假设混凝土具有匀质性，当考虑结构网络体系的体积模量时，由相对湿度下降引起的自收缩变形 σ_{w} 可由式（6-12）得到：

$$\sigma_{\mathrm{w}} = \sigma_{\mathrm{cap}} \cdot \left(\frac{1}{3K} - \frac{1}{3K_{\mathrm{s}}}\right) \qquad (6\text{-}12)$$

式中 K——包含孔介质的体积模量，取 44GPa[58]；

K_{s}——不包含孔介质的体积模量，可由泊松比与弹性模量计算得到[135]，如式（6-13）所示，GPa。

$$K_{\mathrm{s}} = \frac{E}{3(1-2\mu)} \qquad (6\text{-}13)$$

式中　E——弹性模量，GPa；

　　　μ——泊松比，取 0.2[136]。

因此，C80 高强混凝土的自收缩预测模型可由 Biot-Bishop 公式［式（6-14）］表示：

$$\varepsilon_h = \frac{RT}{3V_m}\left(\frac{1}{K} - \frac{1}{K_s}\right)\ln(\text{RH}) \qquad (6\text{-}14)$$

式中　ε_h——相对湿度引起的自收缩变形；

　　　V_m——水的体积，m³。

通过式（6-14）计算出单掺矿粉、复掺粉煤灰和矿粉混凝土的自收缩变形，并与试验测得的自收缩变形进行比较，如图 6-26 所示。从图中可以看出，仅仅通过式（6-14）计算出的混凝土自收缩与试验测得的自收缩还是有较大的差距。因此，还需进一步分析修正自收缩预测模型。

对于低强度混凝土来说，混凝土内部自由水较多，较为饱和，只采用 Biot-Bishop 公式即可计算其自收缩。然而，根据最小能量原理，对于低水胶比的 C80 高强混凝土来说，混凝土内部自由水较少，导致毛细孔应力在孔结构中的作用范围要比孔径小很多。因此，本书采用饱和度系数 S_w 来修正 Biot-Bishop 公式。S_w 为可蒸发水体积 V_{ew}（α）与孔隙体积 V_p 之比，可根据 Powers 体积模型计算[137-139]。掺加矿粉混凝土的 S_w 如式（6-15）所示，掺加粉煤灰混凝土的 S_w 如式（6-16）所示。

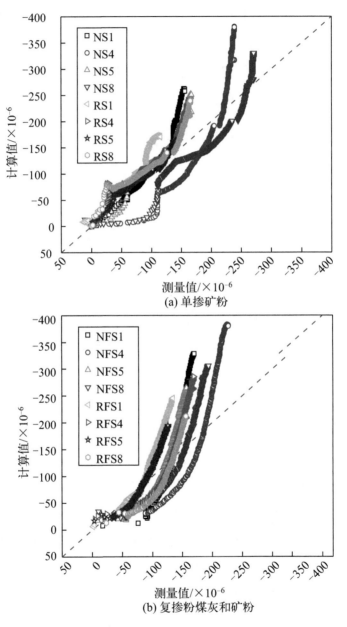

(a) 单掺矿粉

(b) 复掺粉煤灰和矿粉

图 6-26　应用 Biot-Bishop 模型后的测量值与计算值之间的比较

$$S_W = \frac{V_{ew}(\alpha)}{V_p(\alpha)} = \frac{P - [0.72 + 0.37(S/C)](1-P)K\alpha}{P - [0.52 + 0.11(S/C)](1-P)K\alpha}$$

$$(6\text{-}15)$$

$$S_W = \frac{V_{ew}(\alpha)}{V_p(\alpha)} = \frac{P - [0.72 + 0.06(F/C)](1-P)K\alpha}{P - [0.52 + 0.13(F/C)](1-P)K\alpha}$$

$$(6\text{-}16)$$

式中　　α——6.5.1 节中模型计算的水化程度；

　　　　P——水灰比函数；

　　　　K——矿渣粉、粉煤灰比值函数；

F,S,C——粉煤灰、矿粉、水泥的质量分数。

　　掺加粉煤灰、矿粉的胶凝材料体系 P 值 P_F 和 P_S 分别为按照式（6-17）、式（6-18）计算，掺加粉煤灰、矿粉的胶凝材料体系 K 值分别按照式（6-19）、式（6-20）计算。复掺粉煤灰和矿粉的 P 和 K 值：按照复掺比例叠加单掺粉煤灰、矿粉的 P 和 K 值。

$$P_F = \frac{\dfrac{W}{C}}{\dfrac{W}{C} + \dfrac{\rho_w}{\rho_C} + \dfrac{\rho_w}{\rho_F} \cdot \dfrac{F}{C}} \qquad (6\text{-}17)$$

$$P_S = \frac{\dfrac{W}{C}}{\dfrac{W}{C} + \dfrac{\rho_w}{\rho_C} + \dfrac{\rho_w}{\rho_S} \cdot \dfrac{S}{C}} \qquad (6\text{-}18)$$

式中　$\rho_C, \rho_w, \rho_F, \rho_S$——水泥、水、粉煤灰、矿粉的密度，

　　　　　　　　　　分别取 3120kg/m³、1000kg/m³、

$$2240 \mathrm{kg/m^3}、2850 \mathrm{kg/m^3};$$

W,F,C,S——水、粉煤灰、水泥、矿粉的质量
分数。

$$K_F = \frac{1}{1+0.25\dfrac{F}{C}} \qquad (6\text{-}19)$$

$$K_S = \frac{1}{1+0.65\dfrac{S}{C}} \qquad (6\text{-}20)$$

因此，混凝土的自收缩预测模型可表达为式（6-21）。
通过该公式计算出混凝土自收缩，并与试验测得的数据
进行对比分析，如图 6-27 所示。从图中可以看出，当

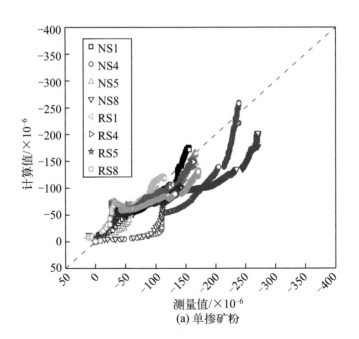

(a) 单掺矿粉

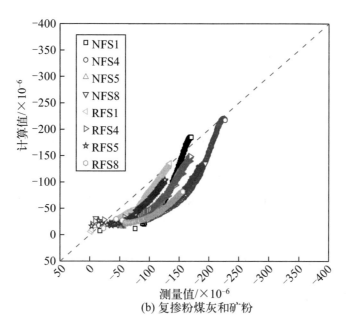

(b) 复掺粉煤灰和矿粉

图 6-27　考虑 S_W 后的测量值与计算值之间的比较

Biot-Bishop 模型考虑 S_W 后，整体上来看，混凝土的自收缩计算值与测量值具有良好的吻合性，个别混凝的自收缩计算值小于测量值。出现这种现象的原因如下：一方面，在收缩零点附近，该混凝土并不是纯粹的弹性，导致在很早阶段测量收缩率具有很高的灵敏度；另一方面，弹性模量的预测在收缩零点附近同样具有很高的敏感性，导致收缩变形预测的准确性出现波动。

$$\varepsilon_h = \frac{S_W RT}{3V_m} \left(\frac{1}{K} - \frac{1}{K_S} \right) \ln(RH) \qquad (6-21)$$

6.6　本章小结

以掺加纳米 C-S-H-PCE 早强剂的 C80 混凝土作为研究对象，研究了其自收缩变形及相关性能。根据试验结果，建立了适用于预测 C80 高强混凝土自收缩变形的模型。主要结论如下。

① 养护龄期相同时，增加矿粉、复掺粉煤灰和矿粉掺量，混凝土的动弹性模量增大。

② 当增加矿粉、复掺粉煤灰和矿粉掺量时，混凝土自收缩零点出现延迟现象，纳米 C-S-H-PCE 早强剂提前了自收缩零点约 2h；混凝土 30d 的自收缩小于 300×10^{-6}，满足标准要求；当增加矿粉掺量时，混凝土自收缩变形增大，当增加复掺掺量时，自收缩变形减小，纳米 C-S-H-PCE 早强剂也增大了混凝土自收缩变形，甚至高达 70%；混凝土内部的 RH 变化是自收缩变形产生的驱动力。

③ 基于水化程度和弹性模量的试验结果，引入"等效龄期" Arrhenius 方程修正了水化程度和弹性模量模型；根据最小能量原理和自洽原理，在 Biot-Bishop 方程

基础上建立了考虑饱和系数的 C80 高强度混凝土自收缩预测模型，且预测值与试验值吻合良好，从而可有效预测 C80 混凝土发生自收缩的时间以及自收缩的大小，进而采取相应措施降低自收缩。

第 7 章

免蒸养 C80 混凝土耐久性

PHC 管桩混凝土在国外应用广泛，在我国其应用率也在逐渐提高，它主要应用于港口、桥梁以及各类大型建筑物。各种严酷的环境对 PHC 管桩耐久性提出了更高的要求。根据国家标准《混凝土结构耐久性设计标准》(GB/T 50476—2019) 的要求，服役寿命为 100 年的 C80 混凝土，28d 氯离子渗透系数≤$7 \times 10^{-12} \mathrm{m}^2/\mathrm{s}$，抗冻等级满足 F300，抗硫酸盐等级满足 KS120。因此，本章系统了研究矿粉、粉煤灰和矿粉及纳米 C-S-H-PCE 早强剂对混凝土抗氯离子侵蚀能力、抗硫酸盐侵蚀能力和抗冻能力的影响规律。

7.1 试验方案

7.1.1 抗氯离子渗透试验

根据《普通混凝土长期性能和耐久性能试验方法》(GB/T 50082—2009) 采用 RCM 法测定氯离子渗透系数，试验装置如图 7-1 所示。试件采用 $\Phi100\mathrm{mm} \times 50\mathrm{mm}$

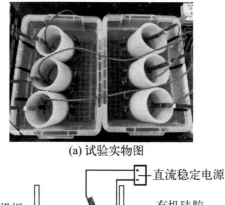

(a) 试验实物图

阳极板 —— 直流稳定电源

阳极板 —— 有机硅胶橡胶套
阳极溶液
试件 —— 阴极板
阴极溶液 —— 阴极实验槽

(b) 试验示意图

图 7-1　免蒸养 PHC 管桩混凝土 RCM 试验装置

的圆柱体，每组配合比三块试样，拆模后将其放入混凝土标准养护室，待养护龄期达到 7d、28d 和 56d 后，取出试块进行试验。试验开始前，提前制备好 0.3mol/L 的 NaOH 溶液和 10％的 NaCl 溶液，并将试样封蜡后放入橡胶筒中，用钢箍将其拧紧，避免溶液侧漏影响试验结果。然后在塑料桶中倒入 2/3 的 NaCl 溶液，将试样放入溶液中的阴极板之上使溶液浸没试样的底部，而阳极板放在橡胶筒内且桶内倒入 NaOH 溶液使液面与 NaCl 溶液液面持平，之后分别用正负极线连接。最后，打开仪器，根据表 7-1 调节试验时间，开始试验。待仪器测试结束后取出混凝土将其劈裂，并在断面表面喷洒 $AgNO_3$

试剂，等白色固体逐渐显现后采用卡尺测试其宽度，然后将测量数据输入仪器中并读数。

表 7-1　初始电流与试验时间的关系

初始电流 I_0/mA	选定的通电试验时间/h
$I_0 < 5$	96
$5 \leqslant I_0 < 10$	48
$10 \leqslant I_0 < 30$	24
$30 \leqslant I_0 < 60$	24
$60 \leqslant I_0 < 360$	24
$360 \leqslant I_0$	6

7.1.2　抗冻试验

根据《普通混凝土长期性能和耐久性能试验方法》（GB/T 50082—2009）采用快速冻融箱测试抗冻能力。试样采用 100mm×100mm×400mm 的模具，每组三块。当试件养护至 28d 后取出测试其初始质量、动弹性模量，随后将其放入冻融箱内开始试验。每循环 50 次测试其质量和动弹性模量，当总循环次数达到 300 次即可停止测试。相对动弹性模量和质量损失可根据式（7-1）、式（7-2）获得：

$$E_{rd} = \frac{E_{dt}}{E_{d0}} = \frac{\rho_t v_t^2}{\rho_0 v_0^2} = \frac{m_t t_0^2}{m_0 t_t^2} \qquad (7\text{-}1)$$

式中　E_{rd}——相对弹性模量，GPa；

E_{d0}，E_{dt}——冻融循环前后的动弹性模量，GPa；

ρ_0，ρ_t——冻融循环前后的密度，kg/m^3；

v_0，v_t——冻融循环前后的超声波声速，m/s；

m_0——冻融循环前的初始质量，g；

m_t——冻融循环后的质量，g；

t_t——冻融循环后超声波通过试块所用的时间，s；

t_0——冻融循环前超声波通过试块所用的时间，s。

$$W_n = \frac{G_0 - G_n}{G_0} \times 100\% \qquad (7\text{-}2)$$

式中　W_n——质量损失；

　　　G_0——冻融循环前的质量，g；

　　　G_n——冻融循环后的质量，g。

7.1.3　抗硫酸盐侵蚀试验

根据《普通混凝土长期性能和耐久性能试验方法》（GB/T 50082—2009）采用硫酸盐干湿循环仪测试混凝土的抗硫酸盐能力。试块采用 $100mm \times 100mm \times 100mm$ 的模具，每组三块。当混凝土养护至 26d 后将其取出，放至（80 ± 5）℃的烘箱内烘干，测试其初始质量、弹性模量、抗压强度。试验开始前配制 5% 的硫酸钠溶液，然后将试件放至仪器中，倒入溶液，浸没混凝土且超过表面 2mm。每两周测试溶液的 pH 值，使其稳定在 6～8，保持充足的碱性环境。仪器设置每 1d 为一个小循环，试验周期为 120d。每 30d，取出待测试块，擦干表面结晶物质，按先后顺序测试其质量、动弹性模量及强度，仪器设置界面如图 7-2 所示。最终值取三块混凝土测试数据的平均值。

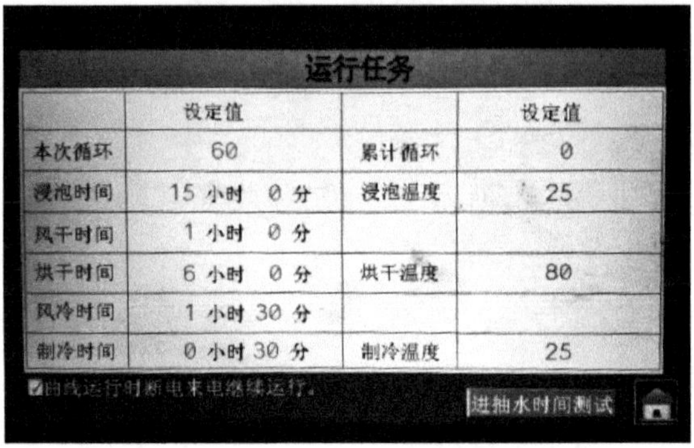

图 7-2　免蒸养 PHC 管桩混凝土抗硫酸盐侵蚀试验装置时间参数

7.2　免蒸养 C80 混凝土抗氯离子侵蚀性能

7.2.1　矿粉对混凝土抗氯离子侵蚀性能的影响

图 7-3 所示为单掺矿粉混凝土的抗氯离子渗透系数。从图中可以看出，养护龄期为 7d、28d、56d 的混凝土氯离子渗透系数均没有超过 $5 \times 10^{-12}\,\mathrm{m}^2/\mathrm{s}$。可见，所制备的混凝土抗氯离子侵蚀能力较好。对于矿粉掺量为 20% 和 30% 的混凝土，当其他条件一致时，增加矿粉掺量，氯离子渗透系数降低。当龄期为 7d、28d、56d 时，相比

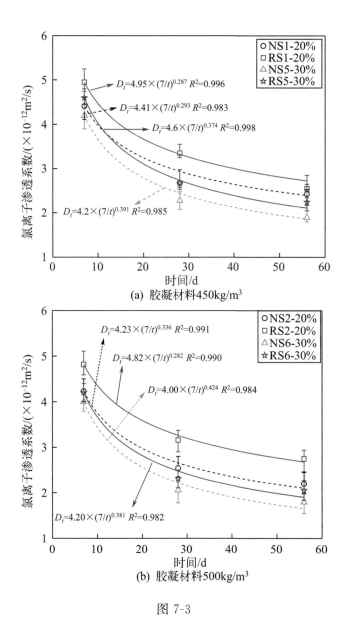

(a) 胶凝材料450kg/m³

(b) 胶凝材料500kg/m³

图 7-3

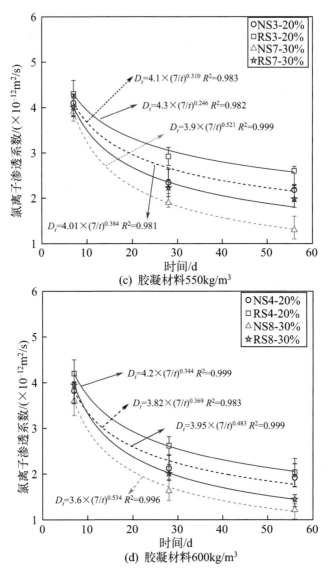

图 7-3　单掺矿粉混凝土的抗氯离子渗透系数

于 NS4，NS8 的氯离子渗透系数分别降低了 5.8%、23.1%、36.4%；相比于 RS3，RS7 的氯离子渗透系数分别降低了 6.7%、23.4%、23.9%。研究表明[140]，混凝土的抗氯离子侵蚀能力主要与混凝土的阻碍能力和固化能力有关。形成上述现象的原因一方面由于水化反应生成的 $Ca(OH)_2$ 使混凝土体系内部呈现碱性，在碱性环境下，混凝土浆骨料界面更容易聚集 K^+、Na^+ 等金属物质，从而增强了其强度，最终提高了对氯离子的固化能力[141]。同时碱激发效应促进了矿粉与水泥水化产物的进一步水化，产生多种凝胶类晶体物质，也增强了混凝土的浆骨料界面强度。另一方面，Choi 等[142,143] 研究发现，混凝土抗氯离子侵蚀能力与最可几孔径和大孔有关。由本书 5.3 节相关内容可知，当养护龄期为 28d 时，增加矿粉量，混凝土的最可几孔孔径减小且大孔的比例降低，使得混凝土阻碍氯离子侵蚀的能力增加。

此外，从图 7-3 还可以看出，氯离子渗透系数随着龄期的增长不断降低。氯离子渗透系数与龄期之间的相关关系可由式（7-3）表示。通过该公式拟合试验数据可知，R^2 均在 0.980 以上，这说明该公式可有效预测该类混凝土长龄期的氯离子渗透系数。因此，仅测量短龄期（如 7d）的氯离子渗透系数就可获得该类混凝土长龄期的氯离子渗透系数。氯离子渗透系数与龄期的关系为：

$$D_t = D_0 \times \left(\frac{t_0}{t} \right)^h \tag{7-3}$$

式中　t_0——第一次进行氯离子快速迁移（RCM）试验的时间，d；

　　D_0——初始龄期 t_0 相对应的氯离子渗透系数，$\times 10^{-12}\,\mathrm{m^2/s}$；

　　t——养护龄期，d；

　　D_t——t 时刻的氯离子渗透系数；

　　h——龄期衰减系数。

7.2.2　粉煤灰和矿粉对混凝土抗氯离子侵蚀性能的影响

图 7-4 为复掺粉煤灰和矿粉混凝土的抗氯离子渗透系数。从图中可以看出，养护龄期为 7d、28d、56d 的氯离子渗透系数均小于 $7\times10^{-12}\,\mathrm{m^2/s}$，可见，所制备的混凝土抗氯离子侵蚀能力较好。对于复掺掺量为 20% 和 30% 的混凝土，当其他条件一致时，增加复掺掺量，养护龄期为 7d、28d、56d 的混凝土氯离子渗透系数均降低。当龄期为 7d、28d、56d 时，相比于 NFS2，NFS6 的氯离子渗透系数分别降低了 13.4%、21.0%、26.7%；相比于 RFS4，RFS8 的氯离子渗透系数分别降低了 18.1%、21.3%、12.6%。出现上述的现象原因如下：一方面，由本书 5.3 节相关内容可知，养护龄期为 28d 时，随着复掺掺量的增加，混凝土的最可几孔径减小且大孔的比例降低，使得混凝土阻碍氯离子侵蚀的能力提高；另一方面，因为粉煤灰具有较大的比表面积，可以

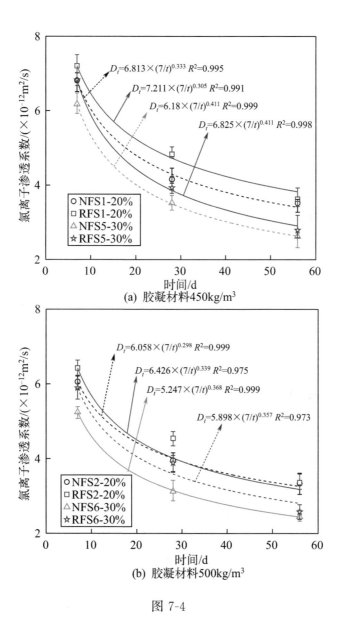

(a) 胶凝材料450kg/m³

(b) 胶凝材料500kg/m³

图 7-4

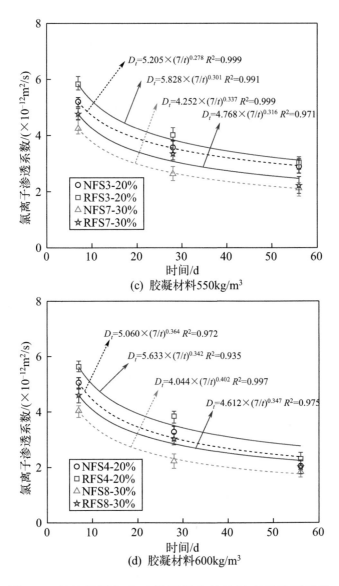

(c) 胶凝材料550kg/m³

(d) 胶凝材料600kg/m³

图 7-4　复掺粉煤灰和矿粉混凝土的抗氯离子渗透系数

使得胶粒表面电荷在固相和液相之间的界面形成复杂的双电层，从而聚集进入混凝土内部的氯离子等带相反电荷的离子[144]，所以当掺量增加时，比表面积也相应增加，从而使吸附的氯离子含量增加。

此外，从图 7-4 还可以看出，氯离子渗透系数随着时间的增加不断减小，且氯离子渗透系数和时间之间的关系可由式（7-3）表示。通过拟合后的相关性 R^2 可知，该公式可用于预测混凝土的氯离子渗透系数。

7.2.3　纳米 C-S-H-PCE 早强剂对混凝土抗氯离子侵蚀性能的影响

从图 7-3 和图 7-4 可以看出，当其他条件一致，养护龄期为 7d，28d 和 56d 时，相比于未掺纳米 C-S-H-PCE 早强剂的混凝土，掺加纳米 C-S-H-PCE 早强剂的混凝土氯离子渗透系数更低。当龄期为 7d、28d、56d 时，相比于 RS1，NS1 的氯离子渗透系数分别降低了 10.9%、20.0%、4.7%；相比于 RFS8，NFS8 的氯离子渗透系数分别降低了 12.3%、26.3%、9.0%。形成氯离子渗透系数降低的原因与前文掺加纳米 C-S-H-PCE 早强剂混凝土抗压强度提高的原因基本一致。另外，由本书 5.3 节相关内容也可以看出，养护龄期为 28d 时，掺入纳米 C-S-H-PCE 早强剂后，混凝土的最可几孔径减小且大孔比例降低，使混凝土浆骨料界面强度更强，从而降低了抗氯离子渗透系数。

7.2.4 混凝土氯离子渗透系数与胶凝材料总量、水胶比的关系

矿粉、粉煤灰和矿粉混凝土 28d 的氯离子扩散系数 D_{28} 与胶凝材料用量和水胶比（W/B）之间的关系如图 7-5 和图 7-6 所示。由图可知，氯离子扩散系数随着胶凝材料用量的增加而减少，而随 W/B 的增大而增大。由于水化程度的不同，导致混凝土的氯离子扩散系数初始值发生变化。因此，以氯离子扩散系数初始测量值为依据，对所有数值进行归一化处理，如图 7-7 和图 7-8 所示。显然，归一化后的曲线降落到统一的发展趋势线上，这表明 D_t 与胶凝材料用量和水胶比之间存在一定的相关性。

进一步分析混凝土 28d 的氯离子渗透系数与胶凝材料用量和 W/B 的关系，结果如图 7-9 所示。从图中可以看出，D_{28} 与胶凝材料用量和 W/B 呈线性相关趋势，如式（7-4）所示。单掺矿粉、复掺粉煤灰和矿粉混凝土的线性相关系数 R^2 分别为 0.958、0.967，由此可见，该关系式与试验结果吻合良好。其中，参数 a、b 和 c 是拟合参数，对于单掺矿粉混凝土，a、b 和 c 分别为 -0.002、-3.962 和 3.162；对于复掺粉煤灰和矿粉混凝土，a、b 和 c 分别为 1.648、9.173 和 -1.578。

因此，若已知混凝土的水胶比或胶凝材料总量，可根据式（7-4）计算出其 28d 的氯离子渗透系数，进一步根据式（7-3）计算出其它养护龄期的氯离子渗透系数，

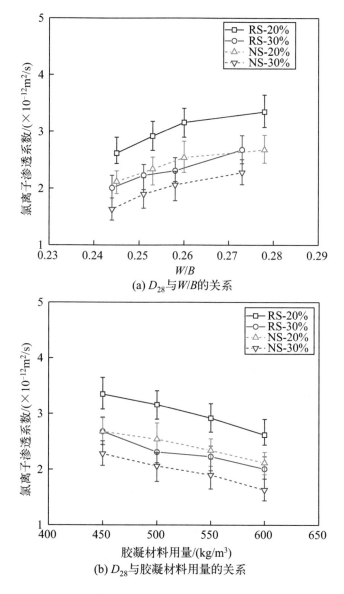

(a) D_{28} 与 W/B 的关系

(b) D_{28} 与胶凝材料用量的关系

图 7-5　单掺矿粉混凝土 D_{28} 与水胶比或胶凝材料的关系

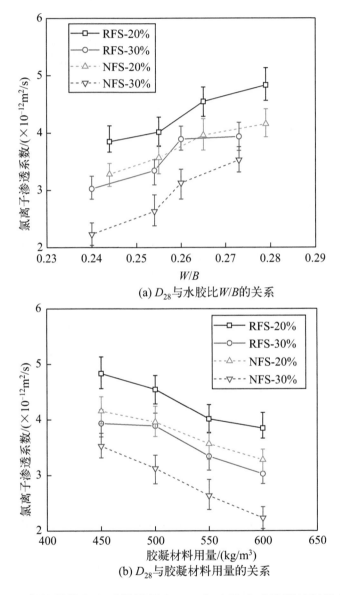

(a) D_{28} 与水胶比 W/B 的关系

(b) D_{28} 与胶凝材料用量的关系

图 7-6　复掺粉煤灰和矿粉混凝土 D_{28} 与水胶比或胶凝材料的关系

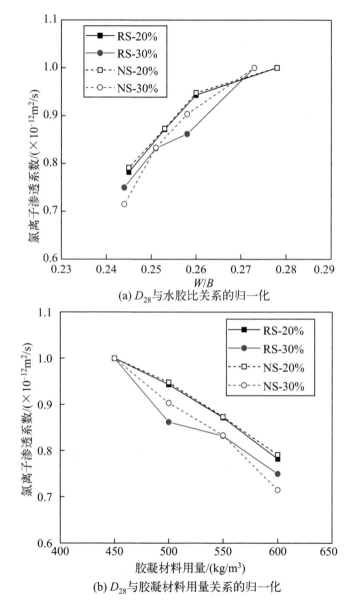

(a) D_{28} 与水胶比关系的归一化

(b) D_{28} 与胶凝材料用量关系的归一化

图 7-7　单掺矿粉混凝土 D_{28} 归一化

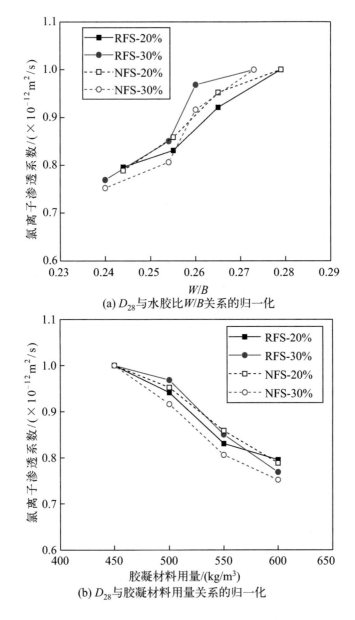

(a) D_{28}与水胶比 W/B 关系的归一化

(b) D_{28}与胶凝材料用量关系的归一化

图 7-8 复掺粉煤灰和矿粉混凝土 D_{28} 归一化

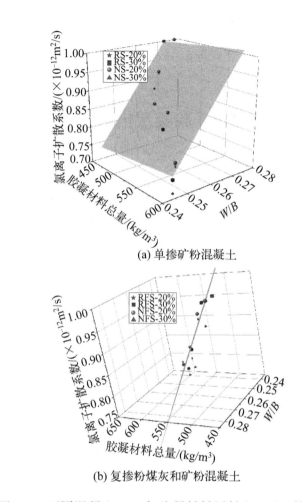

(a) 单掺矿粉混凝土

(b) 复掺粉煤灰和矿粉混凝土

图 7-9　不同混凝土 D_{28} 与胶凝材料用料和 W/B 的关系

反之，在一定范围内，可根据氯离子渗透系数计算出混凝土的水胶比或胶凝材料总量。

$$D_{28} = c + aB + b(W/B) \tag{7-4}$$

式中　D_{28}——28d 的氯离子渗透系数，$\times 10^{-12}\, \mathrm{m^2/s}$；

　　　B——胶凝材料用量，$450 \sim 600\mathrm{kg/m^3}$；

W/B——水胶比，$0.24\sim0.28$；

a，b，c——拟合参数。

7.3 免蒸养 C80 混凝土抗冻性能

在我国北方大部分地区及少数的南方区域，冬季气温比较低，导致建筑物长时间受到低温气候的影响，低温对混凝土的结构安全性造成了严重威胁。当混凝土与冷空气中的水分碰触时，混凝土表面与内部会形成温度差，且陷入正负交替的循环中，导致混凝土发生冻融破坏。冻融破坏主要表现形式为表面剥落，骨料外露等。冻融破坏原理主要是静水压、渗透压理论。静水压理论是指外界温度降低时混凝土表面结冰，产生膨胀应力，导致混凝土中未冰冻的自由水流入未完全饱和的孔隙中，当温度继续降低时，孔隙中会产生越来越大的压力，当压力高于结构表层承受极限时，混凝土内外会形成裂纹。渗透压理论是指在低温条件下水的结冰会使孔溶液存在浓度差，各孔之间相互流动，从而形成了渗透压。

7.3.1 矿粉对混凝土抗冻性能的影响

冻融循环过程中单掺矿粉混凝土的相对动弹性模量如图 7-10 所示。从图中可以看出，当冻融循环 50 次时，混凝土的弹性模量几乎没有变化。这说明此时混凝土并

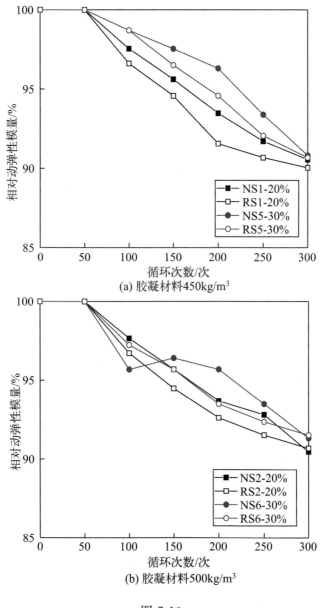

(a) 胶凝材料450kg/m³

(b) 胶凝材料500kg/m³

图 7-10

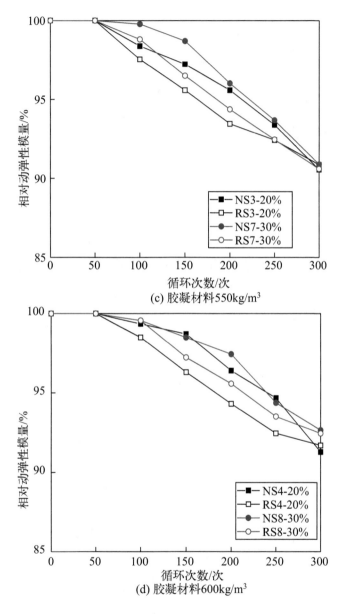

图 7-10　冻融循环过程中单掺矿粉混凝土的相对动弹性模量

没有发生冻融破坏。在此之后，随着冻融循环次数增加，相对动弹性模量不断降低，但均没有低于 90%。这说明所制备的混凝土抗冻性良好，达到了 F300 级，满足 PHC 管桩的抗冻要求。对于矿粉掺量为 20% 和 30% 的混凝土，当其它条件一致，增加矿粉掺量时，在同一循环次数下，混凝土的相对动弹性模量更高，这说明在一定范围内增加矿粉掺量有利于提高混凝土抗冻能力。加入更多的矿粉有助于细化混凝土内部的孔径，增强了浆骨界面强度。

冻融循环过程中单掺矿粉混凝土的质量损失如图 7-11 所示。质量损失与混凝土密实程度和表面脱皮情况紧密

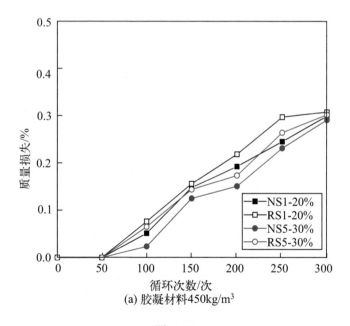

(a) 胶凝材料450kg/m³

图 7-11

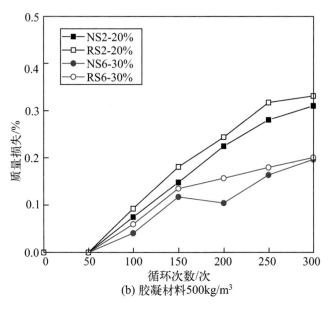

(b) 胶凝材料500kg/m³

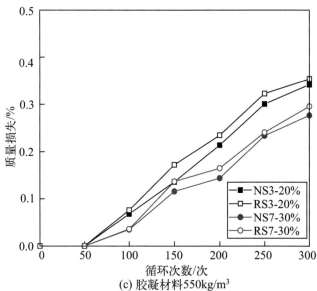

(c) 胶凝材料550kg/m³

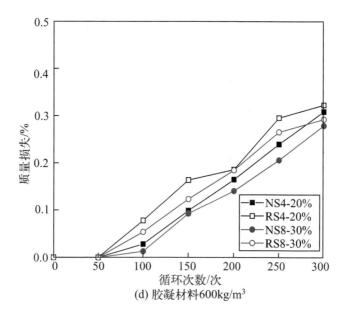

(d) 胶凝材料600kg/m³

图 7-11 冻融循环过程中单掺矿粉混凝土的质量损失

相关。从图中可以看出，经过冻融 300 次循环后，各混凝土的损失量均没有超过 0.5％，远远低于 5％的混凝土冻融破坏质量评价标准，且矿粉发挥的作用与其对弹性模量损失的规律一致。这说明制备的单掺矿粉混凝土质量较好，表面并没有发生明显的剥落情况。由图 7-12 中 300 次冻融循环后混凝土的破坏形貌也可证明此结论。

7.3.2 粉煤灰和矿粉对混凝土抗冻性能的影响

冻融循环过程中复掺粉煤灰和矿粉混凝土的相对动

(a) 掺加纳米C-S-H-PCE

(b) 未掺加纳米C-S-H-PCE

图 7-12　300 次冻融循环后混凝土的破坏形貌

弹性模量如图 7-13 所示。从图中可以看出，当冻融循环
50 次时，各混凝土的动弹性模量没有变化。可见，在冻
融循环前 50 次并没有对混凝土内部孔隙结构造成破坏。
随着冻融循环次数的增加，各混凝土的相对动弹性模量
降低。当经过 300 次循环后，最小值依然高于 90%，达
到了抗冻等级 F300。可见，所制备的复掺混凝土抗冻性
能较好。另外，对于复掺掺量为 20% 和 30% 的混凝土，
当其他条件一致，增加复掺掺量时，在同一循环次数下，
各混凝土的相对动弹性模量增大，可见，增加复掺掺量
有利于提高混凝土的抗冻能力。

　　冻融循环过程中复掺粉煤灰和矿粉混凝土的质量损
失量如图 7-14 所示。从图中可以看出，在冻融循环期间

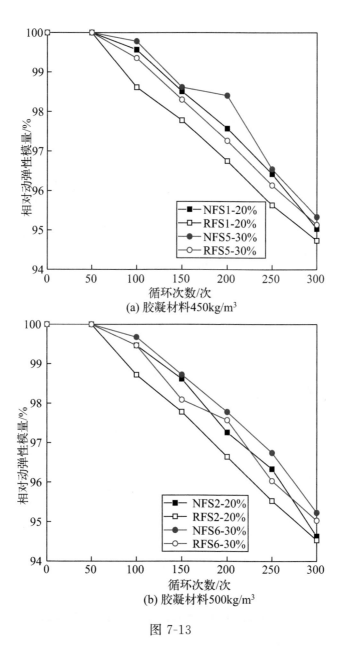

(a) 胶凝材料450kg/m³

(b) 胶凝材料500kg/m³

图 7-13

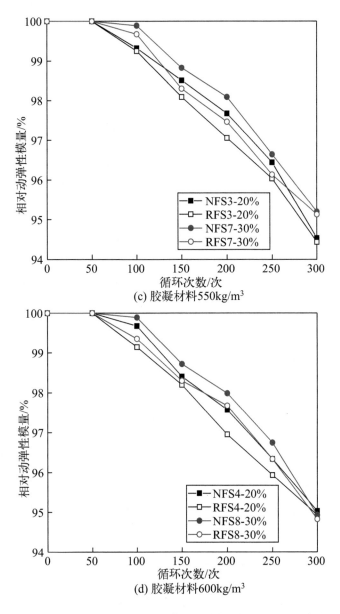

图 7-13 冻融循环过程中复掺粉煤灰和矿粉混凝土的相对动弹性模量

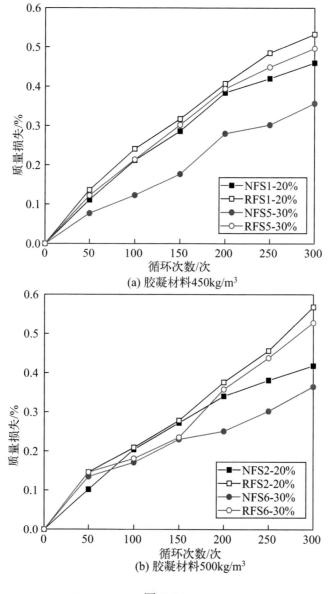

(a) 胶凝材料450kg/m³

(b) 胶凝材料500kg/m³

图 7-14

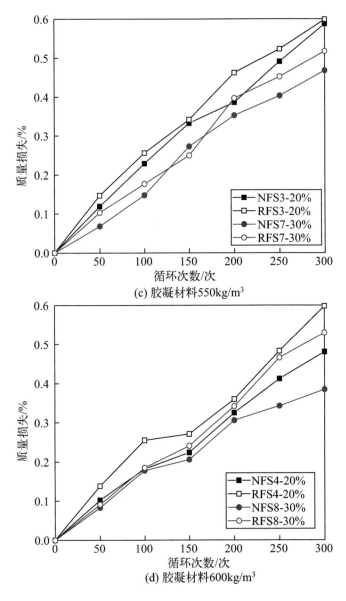

(c) 胶凝材料550kg/m³

(d) 胶凝材料600kg/m³

图 7-14 冻融循环过程中复掺粉煤灰和矿粉混凝土的质量损失量

各混凝土的质量损失量不断增加，但是最高质量损失量没有超过 1%。可见，经过 300 次冻融循环后其表面质量稳定。从图 7-15 中的破坏形貌可以看出，所有混凝土表面没有严重的剥落、脱皮现象。增加复掺矿物掺合料掺量时，在同一循环次数下，质量损失量不断降低，这与相对动弹性模量增大反映的现象一致。

(a) 掺加纳米 C-S-H-PCE

(b) 未掺加纳米 C-S-H-PCE

图 7-15　300 次冻融循环后混凝土形貌

7.3.3　纳米 C-S-H-PCE 早强剂对混凝土抗冻性能的影响

由图 7-10 和图 7-13 可以看出，无论是单掺矿粉混凝土还是复掺矿物掺合料混凝土，相比于未掺加纳米 C-S-

H-PCE 早强剂的混凝土，在相同的冻融循环次数下，掺加纳米 C-S-H-PCE 早强剂混凝土的相对动弹性模量更高，且随着冻融循环次数的增加，它们的差距不断缩小。在冻融循环 300 次时，两者的相对动弹性模量几乎一致。此外，由图 7-11 和图 7-14 可知，在相同循环次数下，相比于未掺加纳米 C-S-H-PCE 早强剂的混凝土，纳米 C-S-H-PCE 早强剂降低了混凝土的质量损失量，这与纳米 C-S-H-PCE 早强剂对弹性模量的影响规律一致。这说明在冻融循环 300 次过程中，加入纳米 C-S-H-PCE 可以提高混凝土的抗冻能力，但是该促进作用有限。由图 7-12 和图 7-15 中未掺加纳米 C-S-H-PCE 和掺加纳米 C-S-H-PCE 混凝土的破坏形貌也可证明此规律。

7.3.4　冻融损伤机理分析

通常，当温度低于 0℃时，纯水将会被冻结，且体积膨胀率为 9%[145]。然而，当纯水在多孔介质（如混凝土）中时，冻融的冰点将会发生变化。当混凝土中的孔隙溶液经历相变时，孔隙中会形成压力差，导致固相（即冰晶）的生长。在此过程中，冰晶在孔隙中不断膨胀，破坏了水化产物之间的连接，导致混凝土发生破坏。其损伤机制可通过静水压力理论和渗透压理论进行解释。静水压力理论[146] 认为：在不考虑孔隙溶液中溶质的情况下，大孔隙首先冻结，在冻结过程中，冰晶随着温度的降低而发生急剧膨胀，静水压力不断增大，导致大孔隙中未冻结的水移动到小孔隙。渗透压理论[147] 认为：混凝土溶液中的 OH⁻ 等离子会影响冻结过程中未冻结水的迁移[146]，当温度降低时，大孔隙首先冻结，大孔隙中未冻结的水含量降低，导致孔溶液浓度升高，从而产生渗透压，促进水从小孔隙流向大孔隙。上述两种理论观点的共同点是大孔隙水比小孔隙水更容易发生相变。由式（7-5）Young-Laplace 方程也可看出该规律。因此，可以忽略孔隙溶液中溶质的影响。然而，并非混凝土中所有的孔隙都会被冻结，因此，需要判断出在一定冻融温度下孔隙水冻结的孔隙临界半径。

$$P_C - P_L = -\frac{2\gamma_{CL}\cos\theta}{r} \tag{7-5}$$

$$\gamma_{CL}^{[148]} = 0.0409 + 3.9 \times 10^{-4} \times T$$

式中　P_C——晶相压力，MPa；

P_L——液相压力，MPa；

γ_{CL}——晶相和液相之间的表面能，J/m²。

为了保持冰晶和液态水之间的化学势平衡，引入 Thomson 方程[149,150]，如式（7-6）所示：

$$P_C - P_L = (T_0 - T)\Delta S_m \tag{7-6}$$

式中　T——冻融温度，K；

T_0——纯水的冻融温度，273.15K；

ΔS_m——晶体单位体积的熔化熵，Pa/K。

假设孔隙中的溶液浓度为零，引入 Gibbs-Thomson 方程[151]，如式（7-7）所示：

$$r_0 = -\frac{2\gamma_{CL}\cos\theta}{(T-T_0)\Delta S_m} \qquad (7\text{-}7)$$

式中 r_0——在温度 T 下的冻结孔隙直径，nm。

在冻融过程中，$\cos\theta < 0$，且最高冻结温度出现在 $\theta = 180°$ 时。因此，为了获得冻融温度和孔隙半径之间的相关性，将 $\theta = 180°$，$\Delta S_m = 1.2\mathrm{MPa/K}$[148] 代入式（7-7）计算出某冻融温度下的孔隙半径，并绘制出冻融温度与孔径的关系，如图 7-16 所示。从图中可以看出，当孔径 r 小于 10nm 时，界面能显著影响孔径的大小，r 大于 10nm 时，界面能可以忽略不计。冻融试验过程中，混凝土试块中心最低温度为 $-18℃$，通过计算可得出孔隙水

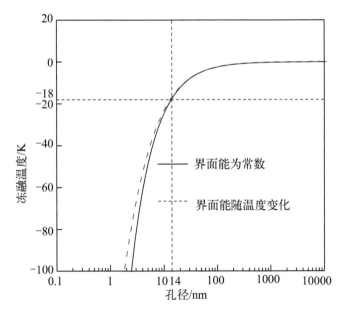

图 7-16　冻融温度与孔径的关系

冻结的临界半径为 14nm，即孔径大于 14nm 的孔隙可以被冻结，而孔径小于 14nm 的孔隙以未冻结水的形式存在。

因此，可通过孔径大于 14nm 的孔隙累计体积来表征混凝土的抗冻融能力，如图 7-17 所示。从图中可以看出，随着矿粉、复掺粉煤灰和矿粉、纳米 C-S-H-PCE 掺量的增加，孔径大于 14nm 的孔隙绝对累积体积减小，混凝土冻融损伤减小，从而提高了混凝土的抗冻能力。

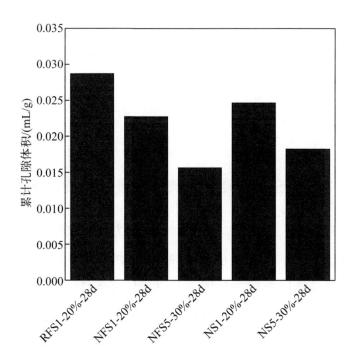

图 7-17　孔径大于 14nm 的孔隙累计体积

7.4 免蒸养 C80 混凝土抗硫酸盐侵蚀性能

硫酸盐对混凝土的侵蚀过程主要是一种化学膨胀反应。在高浓度的硫酸盐条件下时，混凝土内外存在着浓度差，在此作用下外界环境中的 SO_4^{2-} 会向混凝土内部迁移，而混凝土内部的 OH^- 和 Ca^{2+} 向外界扩散，在混凝土孔溶液中两者相互结合，发生化学反应，从而对混凝土造成破坏。其中的主要化学过程是 SO_4^{2-} 与混凝土内部的碱性物质反应生成 $CaSO_4$，该物质进一步与 C_3A 反应生成钙矾石和石膏等物质[152]。钙矾石和石膏属于膨胀性物质，容易引起混凝土开裂，影响混凝土结构的耐久性。

7.4.1 矿粉对混凝土抗硫酸盐侵蚀性能的影响

图 7-18、图 7-19 和图 7-20 分别为 120 次硫酸盐干湿循环过程中单掺矿粉混凝土的相对动弹性模量、质量损失、相对抗压强度。从图 7-18 和图 7-20 可以看出，干湿循环 30 次时，各混凝土呈现动弹性模量上升和强度上升的趋势。出现该现象的原因如下：一方面，可能因为经过烘干机加热后，混凝土内部未完全水化的胶凝材料进行了二次水化，提高了 C-S-H 凝胶等水化产物的含

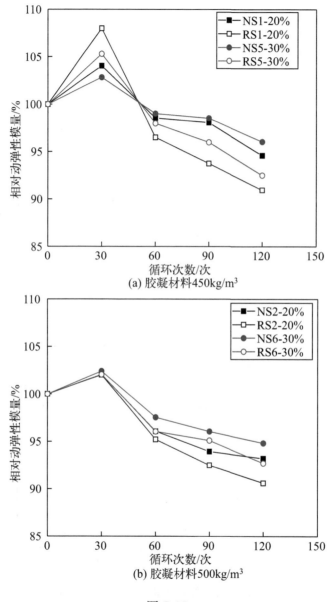

(a) 胶凝材料450kg/m³

(b) 胶凝材料500kg/m³

图 7-18

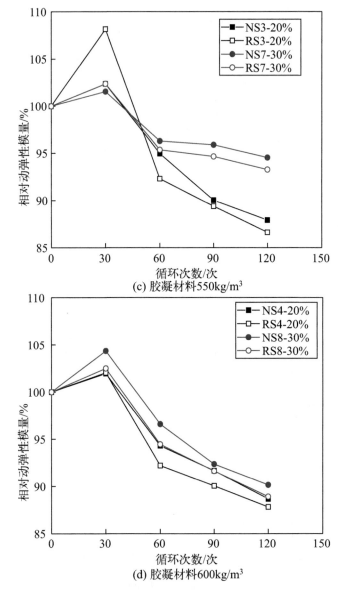

图 7-18　120 次硫酸盐干湿循环过程中单掺矿粉
混凝土的相对动弹性模量

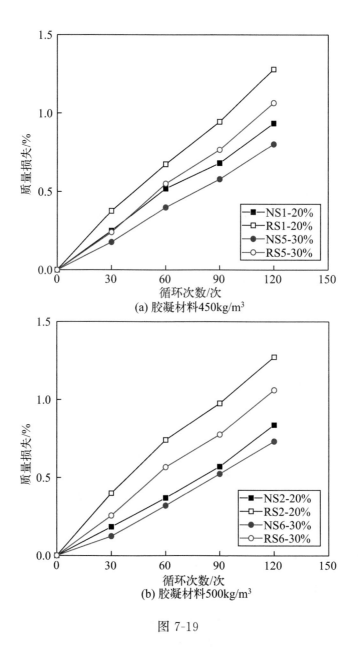

(a) 胶凝材料450kg/m³

(b) 胶凝材料500kg/m³

图 7-19

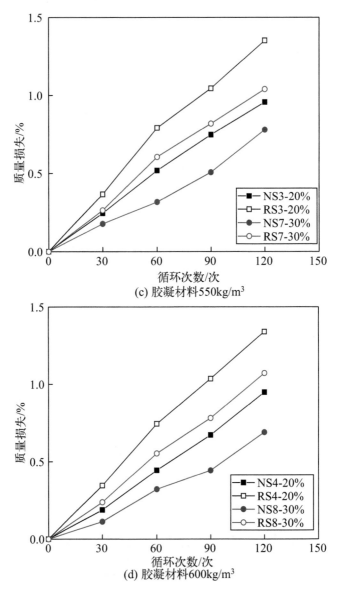

(c) 胶凝材料550kg/m³

(d) 胶凝材料600kg/m³

图 7-19　120 次硫酸盐干湿循环过程中单掺矿粉
混凝土的质量损失

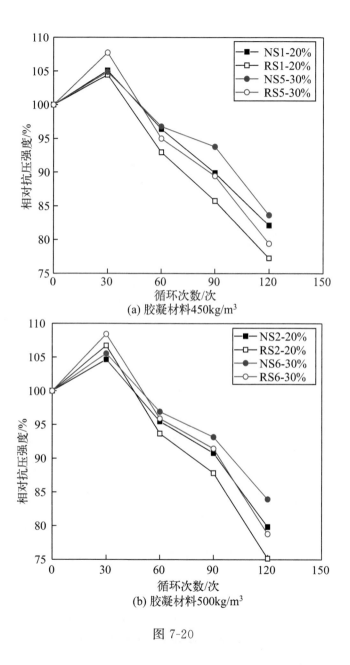

(a) 胶凝材料450kg/m³

(b) 胶凝材料500kg/m³

图 7-20

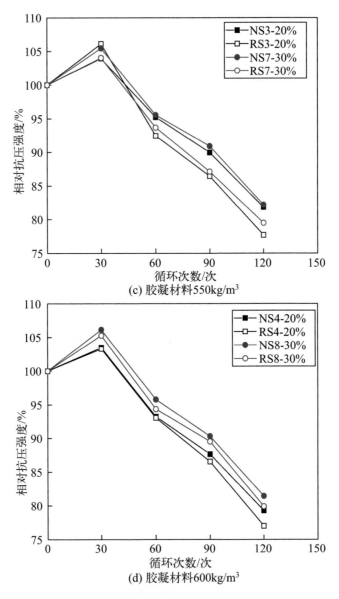

图 7-20　120 次硫酸盐干湿循环过程中单掺矿粉
混凝土的相对抗压强度

量[153]；另一方面，因为混凝土经过侵蚀后混凝土内部生成了大量的钙矾石，填充了混凝土内部的孔隙。干湿循环 30 次后，各混凝土的相对动弹性模量、强度随着循环次数的增加不断下降。且干湿循环 120 次时，耐腐蚀系数高于 75%，相对动弹性模量始终维持在 85% 以上。表明所制备混凝土具有较好的抗硫酸盐侵蚀能力，等级超过了 KS120。从图 7-19 可以看出，各混凝土的质量损失均没有超过 1.5%。可见，混凝土表面质量稳定，图 7-21 中的混凝土破坏形貌也能证明此现象。

(a) 未加纳米C-S-H-PCE

(b) 加纳米C-S-H-PCE

图 7-21　混凝土经过 120 次硫酸盐干湿循环后形貌对比

此外，对于矿粉掺量为 20% 和 30% 的混凝土，当其他条件一致，增加矿粉掺量时，相对动弹性模量、强度增加，质量损失降低。这是因为加入更多的矿粉后，减少了水泥中的 C_3A 含量，从而减少了钙矾石的生成量[154]。

7.4.2 粉煤灰和矿粉对混凝土抗硫酸盐侵蚀性能的影响

图 7-22、图 7-23 和图 7-24 分别为 120 次硫酸盐干湿循环过程中复掺粉煤灰和矿粉混凝土的相对动弹性模量、质量损失、相对抗压强度。从图 7-22 和图 7-24 可以看出，干湿循环 30 次时，不同混凝土均出现了动弹性模量上升和强度上升的现象，这与单掺矿粉混凝土出现此现象的原因一致。之后，干湿循环次数增加，相对动弹性模量、强度呈现不断下降的趋势。干湿循环达到 120 次时，各混凝土的相对抗压强度均高于 75%，且混凝土的相对动弹性模量均在 80% 以上，这说明所制备混凝土的抗硫酸盐等级达到了 KS120。从图 7-23 可以看出，混凝土中最高质量损失仅为 1.5%。可知，混凝土的表面质量稳定。从图 7-25 也可以看出，其表面和棱角并没有发生太大的变化。另外，当在同一干湿循环次数且复掺掺量增加 10% 时，相对动弹性模量、强度下降得更少，质量损失得更少，这说明增加复掺掺量有助于提高抗硫酸盐侵蚀能力。这可能是由于增加复掺掺量后，粉煤灰和矿粉之间的相互促进作用减少了与水泥石中的 C_3A 反应的硫酸钙，从而降低了混凝土内部钙矾石和石膏的生成量。

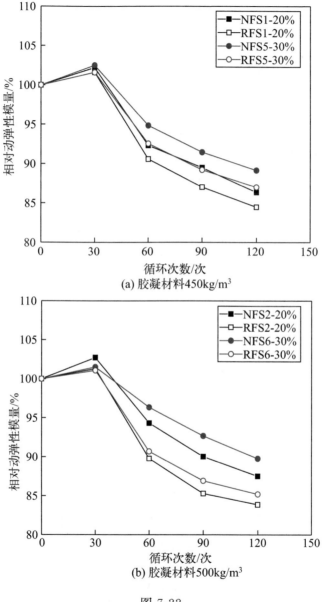

(a) 胶凝材料450kg/m³

(b) 胶凝材料500kg/m³

图 7-22

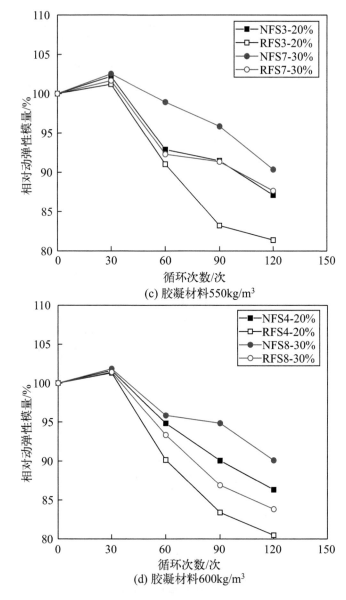

(c) 胶凝材料550kg/m³

(d) 胶凝材料600kg/m³

图 7-22　120 次硫酸盐干湿循环过程中复掺粉煤灰和
矿粉混凝土的相对动弹性模量

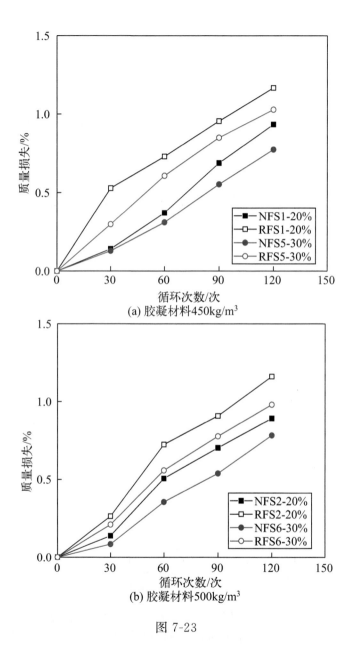

(a) 胶凝材料450kg/m³

(b) 胶凝材料500kg/m³

图 7-23

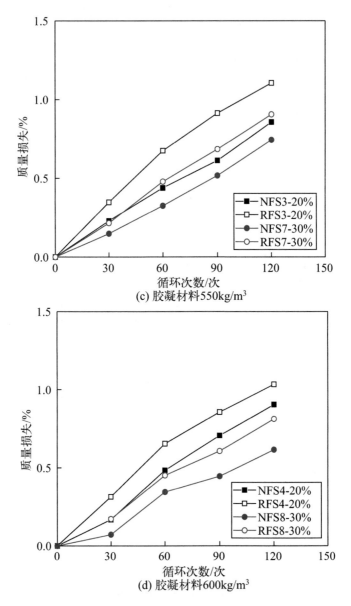

图 7-23　120 次硫酸盐干湿循环过程中复掺粉煤灰和
矿粉混凝土的质量损失

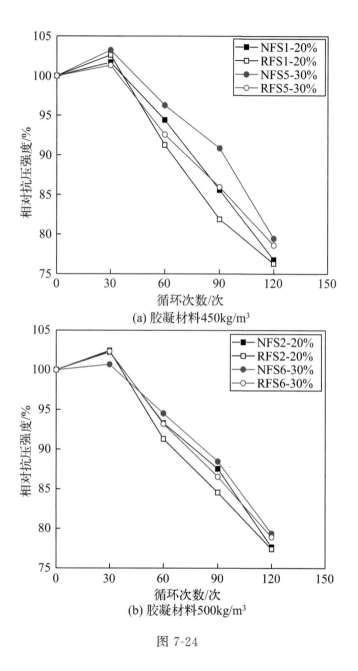

(a) 胶凝材料450kg/m³

(b) 胶凝材料500kg/m³

图 7-24

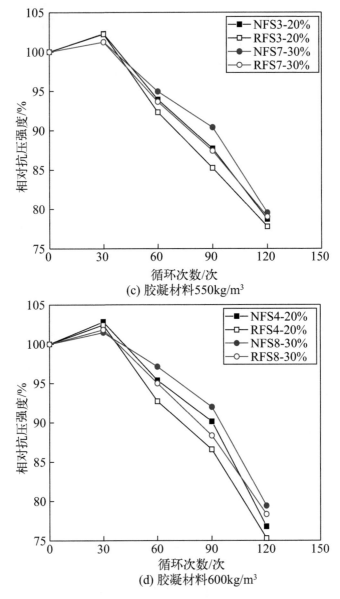

图 7-24　120 次硫酸盐干湿循环过程中复掺粉煤灰和
矿粉混凝土的相对抗压强度

(a) 未加纳米C-S-H-PCE

(b) 加纳米C-S-H-PCE

图 7-25   混凝土经过 120 次硫酸盐干湿循环后形貌对比

7.4.3 纳米 C-S-H-PCE 早强剂对混凝土抗硫酸盐侵蚀性能的影响

当其他条件一致时，相比于未掺加纳米 C-S-H-PCE 的混凝土，掺加纳米 C-S-H-PCE 混凝土的相对弹性模量、抗压强度更高，质量损失更少。从图 7-21 和图 7-25 的外观形貌也可以看出，经过 120 次硫酸盐干湿循环后，未掺加纳米 C-S-H-PCE 的混凝土表面出现裂纹和孔洞，而掺加纳米 C-S-H-PCE 的混凝土表面无明显的开裂现象。这可能是因为纳米 C-S-H-PCE 促进了粉煤灰和矿粉的二次水化，消耗了大量的 Ca(OH)$_2$，使体系内部减少

了与 SO_4^{2-} 反应的水化产物，从而减少了与水泥石中 C_3A 反应的硫酸钙，最终使混凝土内部的钙矾石和石膏生成量降低[105]。

7.4.4 硫酸盐侵蚀机理分析

根据混凝土硫酸盐侵蚀机理，从外部硫酸盐溶液中渗透进入混凝土内部的 SO_4^{2-} 将首先与溶解在混凝土孔溶液中的氢氧化钙（CH）反应，形成二次石膏（$C\bar{S}H_2$），如式（7-8）所示。

$$CH + SO_4^{2-} \longrightarrow C\bar{S}H_2 + 2OH^- \qquad (7\text{-}8)$$

然后，二次石膏将与水和未反应的水合铝酸钙反应，形成钙矾石（$C_6A\bar{S}_3H_{32}$），如式（7-9）～式（7-11）所示。共有三种铝酸钙相，包括未水化的铝酸三钙（C_3A）、水化铝酸四钙（C_4AH_{13}）和单硫型水化硫铝酸钙（$C_4A\bar{S}H_{12}$）。由于铁铝酸四钙（C_4AF）与石膏的反应速率很小[155]，因此 C_4AF 对反应产物的影响常被忽略。

$$C_3A + 3C\bar{S}H_2 + 26H \longrightarrow C_6A\bar{S}_3H_{32} \qquad (7\text{-}9)$$

$$C_4AH_{13} + 3C\bar{S}H_2 + 14H \longrightarrow C_6A\bar{S}_3H_{32} + CH$$
$$(7\text{-}10)$$

$$C_4A\bar{S}H_{12} + 2C\bar{S}H_2 + 16H \longrightarrow C_6A\bar{S}_3H_{32} \qquad (7\text{-}11)$$

将 SO_4^{2-} 与混凝土的所有化学反应整合到一个表达式中[155-158]，如式（7-12）所示。

$$CA + qC\bar{S}H_2 \longrightarrow C_6A\bar{S}_3H_{32} \qquad (7\text{-}12)$$

式中　q——二次石膏的化学计量加权参数。

　　离子在饱和混凝土中的迁移过程受浓度梯度的驱动。对于电势的影响可以忽略不计。因此，离子在饱和混凝土中的扩散反应过程可用 Fick 第二定律和质量守恒描述，如式（7-13）所示[157]：

$$\frac{\partial c_i}{\partial t} = \nabla\left[D_i(\nabla c_i)\right] + R_i \qquad (7\text{-}13)$$

式中　D_i——硫酸根离子有效扩散系数；

　　　　R_i——与硫酸盐浓度相关的常数，取 5%；

　　　　c_i——自由状态下硫酸盐离子的浓度，mol/m^3。

　　离子扩散系数在很大程度上取决于孔体积的变化。此外，离子与水泥浆体的结合对离子扩散系数也有影响。因此，由于混凝土孔相中钙矾石的膨胀，水泥基材料中离子的有效扩散率随孔隙率的减小而减小。当膨胀拉应力超过混凝土的抗拉强度时，离子在混凝土中的有效扩散系数随裂缝密度的增大而增大。

　　有几种模型可以解释孔隙率变化对离子扩散率的影响[155,159,160]。Samson 和 Marchand[159-162] 提出了多种离子（包括 Cl^- 和 SO_4^{2-} 离子）的扩散系数模型，这些离子的扩散规律取决于水泥含量和初始孔隙度。然而，Idiart 等人[155] 在此基础上，将孔隙度变化引起的扩散系数变化视为双曲函数，与初始孔隙度有很好的相关性，类似于 Samson 和 Marchand 模型的变化趋势。因此，本节采用

Idiart 高超声速函数模型评估硫酸盐离子的有效扩散系数，如式（7-14）所示：

$$D_i = D_{min} + (D_0 - D_{min}) \cdot \frac{\exp(-\beta_D) \cdot \dfrac{\varphi}{\varphi_0}}{1 + [\exp(-\beta_D) - 1] \cdot \dfrac{\varphi}{\varphi_0}}$$

(7-14)

式中　D_i——有效扩散系数，m^2/s；

D_{min}——所有孔隙的最小扩散率，m^2/s；

D_0——初始离子扩散系数，m^2/s；

φ——孔隙率；

φ_0——经验常数；

β_D——塑性因子，取 0.1。

由式（7-14）可知，有效离子扩散系数 D_i 与孔隙率 φ 成正比例关系，即孔隙率越大，有效离子扩散系数越大。表 7-2 为不同混凝土的孔隙率。由表可知，随着矿粉、复掺粉煤灰和矿粉、纳米 C-S-H-PCE 掺量的增加，孔隙率降低，导致有效离子扩散系数降低，从而硫酸盐侵蚀程度减小。

表 7-2　不同混凝土的孔隙率　　单位：%

龄期/d	NFS1-20%	NFS5-30%	NS1-20%	NS5-30%	RFS1-20%
1	15.43	13.09	15.86	13.60	17.25
28	10.30	8.42	11.46	9.23	11.65

　　另外，由式（7-12）可知，钙矾石的形成速率等价于 CA 和硫酸盐离子的反应速率。基于化学反应动力学[157]，硫酸根离子和铝酸钙的消耗速率，可由式（7-15）计算，它们分别由钙离子浓度和铝酸钙浓度决定：

$$\left(\frac{\partial c_{SO_4^{2-}}}{\partial t}\right)_b = -k_{1,T}\, c_{SO_4^{2-}}\, c_{Ca^{2+}}$$

$$\frac{\partial c_{Ca^{2+}}}{\partial t} = -k_{2,T}\, \frac{c_{SO_4^{2-}}\, c_{Ca^{2+}}}{q} \tag{7-15}$$

式中　　q，$k_{1,T}$ 和 $k_{2,T}$——常数[163]；

　　　　　$c_{SO_4^{2-}}$——硫酸根离子浓度，取 5%；

　　　　　$c_{Ca^{2+}}$——等效集成铝酸钙浓度，mol/m^3。

　　该化学反应动力学分别由钙离子浓度和等效集成铝酸钙浓度确定。根据 Bogue 模型[129]，纯水泥的 CA 和 Ca^{2+} 浓度分别为 7.06% 和 21.18%。因此，单掺矿粉、复掺粉煤灰和矿粉掺量为 20% 和 30% 混凝土的 CA 和 Ca^{2+} 浓度分别为 5.65% 和 16.94%、4.94% 和 14.83%。从该值可以得出，硫酸盐的化学反应速率随着单掺矿粉、复掺粉煤灰和矿粉掺量的增加而降低，使钙矾石的生成量降低，进一步减小了硫酸盐侵蚀程度。

7.5　本章小结

　　本章研究了免蒸养 C80 混凝土的抗氯离子侵蚀能力、

抗冻能力以及抗硫酸盐侵蚀能力，得出以下结论。

① 制备的矿粉、复掺粉煤灰和矿粉免蒸养 PHC 管桩混凝土的最大氯离子渗透系数分别低于 $5 \times 10^{-12} \mathrm{m}^2/\mathrm{s}$、$7 \times 10^{-12} \mathrm{m}^2/\mathrm{s}$，抗氯离子侵蚀能力较好；增加矿粉、粉煤灰和矿粉、纳米 C-S-H-PCE 早强剂掺量提高了抗氯离子侵蚀能力；随着养护龄期的增加，氯离子渗透系数不断减小；最可几孔径对抗氯离子渗透系数影响最大；建立了 28d 氯离子渗透系数与龄期、胶凝材料用量及水胶比的关系式。

② 对于矿粉、复掺粉煤灰和矿粉混凝土来说，当冻融循环 50 次时，弹性模量几乎没变化；在此之后，随着冻融循环次数的增加，混凝土相对动弹性模量降低，但最小值仍高于 90%，满足 F300 抗冻等级；冻融循环 300 次后，混凝土质量损失没有超过 1%，远远低于 5% 的冻融破坏质量评价标准；增加矿粉、复掺粉煤灰和矿粉、纳米 C-S-H-PCE 早强剂掺量提高了混凝土的抗冻能力；基于 Gibbs-Thomson 方程，确定了冻融过程中孔隙水冻结的临界孔隙半径，结合混凝土的孔结构揭示了各组混凝土抗冻性提高的原因。

③ 对于矿粉、复掺粉煤灰和矿粉混凝土来说，硫酸盐干湿循环 30 次时，出现了相对动弹性模量上升和抗压强度上升的现象；在此之后，随着冻融循环次数的增加，混凝土相对动弹性模量、抗压强度不断下降，耐腐蚀系数高于 75%，相对动弹性模量维持在 80% 以上，质量损

失量低于 1.5％，其抗硫酸盐侵蚀等级超过了 KS120；增加矿粉、复掺粉煤灰和矿粉、纳米 C-S-H-PCE 早强剂掺量提高了混凝土抗硫酸盐侵蚀的能力；基于 Idiart 高超声速函数模型，确定了硫酸盐侵蚀程度与孔隙率的关系以及 CA 和 Ca^{2+} 的浓度影响硫酸盐的反应速率。

参考文献

[1] 蒋勤俭，王晓锋，钟志强，等.2012 年预制混凝土行业发展报告 [J].
混凝土世界，2013（03）：49-53.

[2] 贺智敏，龙广成，谢友均，等.蒸养混凝土的表层伤损效应 [J].建筑
材料学报，2014，17（6）：994-1000.

[3] 马昆林，龙广成，谢友均.蒸养混凝土轨道板劣化机理研究 [J].铁道
学报，2018，40（08）：116-121.

[4] 王成启，刘君，张章龙.大管桩免蒸养生产工艺的研究与应用 [J].中
国港湾建设，2019，39（3）：57-61.

[5] 谢烈金，王成启，周郁兵.PHC 管桩免蒸养生产工艺的研究与应用
[J].上海节能，2018（5）：348-353.

[6] 户广旗，卜令昆，王玉龙，等.免蒸养预制方桩高强混凝土的制备与
性能研究 [J].商品混凝土，2017（12）：48-52.

[7] 秦明强，占文，胡家兵.掺偏高岭土免蒸养衬砌管片混凝土的配制技
术 [J].铁道建筑，2017（7）：144-147.

[8] 张钰，汪智勇，齐冬有，等.免蒸养矿物添加剂在预制管片混凝土中
的应用研究 [J].混凝土世界，2022（03）：59-63.

[9] 陈凯.地铁免蒸养盾构隧道管片混凝土的设计与制备及其工程应用
[D].武汉：武汉理工大学，2010.

[10] 周华新，刘建忠，毛永琳，等.地铁隧道管片混凝土免蒸养技术研究
及其发展 [J].地下工程与隧道，2009（4）：7-10.

[11] 杨海波，王娜，张秀芝.电杆用免蒸养混凝土的力学及耐久性能 [J].

济南大学学报（自然科学版），2019，1（33）：6.

[12] 周飞飞.免蒸养混凝土关键技术的试验研究［D］.南京：东南大学，2018.

[13] 成燕燕.低温早强免蒸养预制构件混凝土性能研究［J］.混凝土世界，2018，3（11）：50-54.

[14] 赵松蔚.预制混凝土早强免蒸养外加剂试验研究［D］.济南：山东建筑大学，2017.

[15] 冷达，张雄，沈中林.减水剂和早强剂对水泥基灌浆材料性能的影响［J］.新型建筑材料，2008，35（11）：21-25.

[16] 王玉锁，叶跃忠，钟新樵，等.新型混凝土早强剂的应用研究现状［J］.四川建筑，2005，25（4）：105-106.

[17] 蒋亚清.混凝土外加剂应用基础［M］.北京：化学工业出版社，2004.

[18] 赵勇，白宏伟.早强剂对混凝土性能的影响［J］.辽宁建材，2009（7）：19-21.

[19] 谢兴建.混凝土早强剂应用技术研究［J］.新型建筑材料，2005（5）：33-35.

[20] 刘治华，王栋民，石龙，等.三乙醇胺对聚羧酸减水剂的改性协同效应［J］.新型建筑材料，2012，39（06）：65-68.

[21] 许凤桐，陈瑞波，顾轲.甲酸钙早强剂在干粉砂浆中的应用［J］.墙材革新与建筑节能，2008（2）：56-58.

[22] Heikal M. Effect of calcium formate as an accelerator on the physico-chemical and mechanical properties of pozzolanic cement pastes［J］. Cement and Concrete Research，2004，34（6）：1051-1056.

[23] 成燕燕.低温早强免蒸养预制构件混凝土性能研究［J］.混凝土世界，2018（11）：5.

[24] 乔敏，俞寅辉，冉千平，等.超长侧链梳形聚羧酸减水剂对水泥浆体

早期性能的影响 [J].新型建筑材料，2013，40（1）：20-22.

[25] 顾越，蒋亚清，陈龙，等.长侧链聚羧酸减水剂的合成及其早期水化作用机理 [J].混凝土与水泥制品，2012（11）：14-17.

[26] 李崇智，隗功骁，张方财，等.预制构件用早强型聚羧酸系减水剂的试验研究 [J].混凝土世界，2014（01）：67-72.

[27] 杜钦.聚羧酸减水剂的早强性能及其机理研究 [D].武汉：武汉理工大学，2012.

[28] 邵琪.一种适用于预制混凝土的超早强型聚羧酸减水剂的试验研究 [D].济南：山东建筑大学，2019.

[29] Sanchez F，Sobolev K. Nanotechnology in concrete-A review [J]. Construction and Building Materials，2010，24（11）：2060-2071.

[30] Qing Y，Zenan Z，Deyu K，et al. Influence of nano-SiO_2 addition on properties of hardened cement paste as compared with silica fume [J]. Construction and Building Materials，2005，21（3）：539-545.

[31] Stefanidou M，Papayianni I. Influence of nano-SiO_2 on the Portland cement pastes [J]. Composites Part B，2012，43（6）：2706-2710.

[32] Hou P，Kawashima，Shiho，et al. Modification effects of colloidal nanoSiO_2 on cement hydration and its gel property [J]. Composites Part B Engineering，2013，45（1）：440-448.

[33] 张朝阳，蔡熠，孔祥明，等.纳米 C-S-H 对水泥水化，硬化浆体孔结构及混凝土强度的影响 [J].硅酸盐学报，2019（5）：9.

[34] Kong D，Yong S，Du X，et al. Influence of nano-silica agglomeration on fresh properties of cement pastes [J]. Construction and Building Materials，2013，43（6）：557-562.

[35] Zahedi M，Ramezanianpour A A，Ramezanianpour A M. Evaluation of the mechanical properties and durability of cement mortars contai-

ning nanosilica and rice husk ash under chloride ion penetration [J].
Construction and Building Materials，2015，78：354-361.

[36] Sanchez F，Sobolev K. Nanotechnology in concrete-a review [J]. Construction and Building Materials，2010，24 (11)：2060-2071.

[37] Nicoleau L. New calcium silicate hydrate network [J]. Transportation Research Record，2010，2142 (1)：42-51.

[38] Thomas J J，Jennings H M，Chen J J. Influence of nucleation seeding on the hydration mechanisms of tricalcium silicate and cement [J]. The Journal of Physical Chemistry C，2009，113 (11)：4327-4334.

[39] Szostak B，Golewski G L. Rheology of cement pastes with siliceous fly ash and the CSH nano-admixture [J].Materials，2021，14 (13)：3640.

[40] 黄健恒，喻培韬，张先文.具有早强效应的长侧链梳状聚羧酸/CSH 纳米复合物 [J].广东化工，2019，46 (16)：243.

[41] Shen H Q，Wang Z M，Liu X，et al. Microstructure and properties of CSH/PCE nanocomposites [C].Materials Science Forum，2017：2089-2094.

[42] Xu C，Li H X，Dong B Q，et al. Chlorine immobilization and performances of cement paste/mortar with CS-Hs-PCE and calcium chloride [J]. Construction and Building Materials，2020，262：120694.

[43] Sun J F，Shi H，Qian B B，et al. Effects of synthetic C-S-H/PCE nanocomposites on early cement hydration [J].Construction and Building Materials，2017，140：282-292.

[44] Sun J，Dong H，Wu J，et al. Properties evolution of cement-metakaolin system with CSH/PCE nanocomposites [J].Construction and Building Materials，2021，282：122707.

[45] Kanchanason V, Plank J. Effect of calcium silicate hydrate-polycarboxylate ether (C-S-H-PCE) nanocomposite as accelerating admixture on early strength enhancement of slag and calcined clay blended cements [J]. Cement and Concrete Research, 2019, 119: 44-50.

[46] Li H, Xu C, Dong B, et al. Enhanced performances of cement and powder silane based waterproof mortar modified by nucleation CSH seed [J]. Construction and Building Materials, 2020, 246: 118511.

[47] Li H, Xue Z, Liang G, et al. Effect of CS-Hs-PCE and sodium sulfate on the hydration kinetics and mechanical properties of cement paste [J]. Construction and Building Materials, 2021, 266: 121096.

[48] Li Z, Lu T, Liang X, et al. Mechanisms of autogenous shrinkage of alkali-activated slag and fly ash pastes [J]. Cement and Concrete Research, 2020, 135: 106107.

[49] Wyrzykowski M, Assmann A, Hesse C, et al. Microstructure development and autogenous shrinkage of mortars with CSH seeding and internal curing [J]. Cement and Concrete Research, 2020, 129: 105967.

[50] Tazawa E I, Miyazawa S. Influence of cement and admixture on autogenous shrinkage of cement paste [J]. Cement and Concrete Research, 1995, 25 (2): 281-287.

[51] Bentz D P, Jensen O M, Hansen K K, et al. Influence of cement particle-size distribution on early age autogenous strains and stresses in cement-based materials [J]. Journal of the American Ceramic Society, 2001, 84 (1): 129-135.

[52] Lee K, Lee H, Lee S, et al. Autogenous shrinkage of concrete containing granulated blast-furnace slag [J]. Cement and Concrete Re-

search，2006，36（7）：1279-1285.

[53] Huang K J，Deng M，Mo L W，et al. Early age stability of concrete pavement by using hybrid fiber together with MgO expansion agent in high altitude locality [J]. Construction and Building Materials，2013，48：685-690.

[54] 王雪莲. 粉煤灰微珠活性粉末混凝土力学与收缩特性研究 [J]. 硅酸盐通报，2019，38（10）：3373-3377.

[55] Meyers M A，Chen P Y，Lin A Y M，et al. Biological materials：structure and mechanical properties [J]. Progress in materials science，2008，53（1）：1-206.

[56] 丁庆军，张恒，胡俊. 免蒸养超高性能混凝土自收缩影响因素研究 [J]. 混凝土，2020，（12）：1-5.

[57] Wang C，Pu X C，Chen K，et al. Measurement of hydration progress of cement paste materials with extreme-low w/b [J]. Journal of Materials Science and Engineering，2008，26（6）：852-857.

[58] Lura P，Jensen O M，Breugel K V. Autogenous shrinkage in high-performance cement paste：An evaluation of basic mechanisms [J]. Cement and Concrete Research，2003，33（2）：223-232.

[59] Bentz D P，Garboczi E J，Quenard D A. Modelling drying shrinkage in reconstructed porous materials：application to porous Vycor glass [J]. Modelling Simulation in Materials Science and Engineering，1999，6（3）：211.

[60] Kovler K，Zhutovsky S. Overview and future trends of shrinkage research [J]. Materials and Structures，2006，39（9）：827.

[61] 吴华君，方鹏飞. 高性能混凝土干燥收缩规律研究 [J]. 混凝土，2009，（8）：33-35.

[62] Beltzung F，Wittmann F H. Role of disjoining pressure in cement based materials [J]. Cement and Concrete Research，2005，35（12）：2364-2370.

[63] Wittmann F H，Beltzung F，Zhao T J. Shrinkage mechanisms，crack formation and service life of reinforced concrete structures [J]. International Journal of Structural Engineering，2009，1（1）：13-28.

[64] 王铁梦. 工程结构裂缝控制的综合方法 [J]. 施工技术，2000，29（5）：5-9.

[65] 蒋正武，孙振平，王培铭. 水泥浆体中自身相对湿度变化与自收缩的研究 [J]. 建筑材料学报，2003，6（4）：345-349.

[66] 苏安双. 高性能混凝土早期收缩性能及开裂趋势研究 [D]. 哈尔滨：哈尔滨工业大学，2008.

[67] Hua C，Acker P，Ehrlacher A. Analyses and models of the autogenous shrinkage of hardening cement paste：I. Modelling at macroscopic scale [J]. Cement and Concrete Research，1995，25（7）：1457-1468.

[68] Zhang J，Hou D W，Han Y D. Micromechanical modeling on autogenous and drying shrinkages of concrete [J]. Construction and Building Materials，2012，29：230-240.

[69] Gao Y，Zhang J，Han Y D. Tests and simulations on shrinkage of concrete at early-age [J]. Journal of the Chinese Ceramic Society，2012，40（8）：1088-1094.

[70] Tang S W，Cai X H，He Z，et al. The review of early hydration of cement-based materials by electrical methods [J]. Construction and Building Materials，2017，146.

[71] Tamás F D. Electrical conductivity of cement pastes [J]. Cement and

Concrete Research，1982，12（1）：115-120.

[72] Wang Q，Jin W U. Characterization of early-age hydration process of cement pastes based on impedance measurement [J]. Journal of Building Materials，2014，68（4）：491-500.

[73] Bullard J W，Jennings H M，Livingston R A，et al. Mechanisms of cement hydration [J]. Cement and Concrete Research，2011，41（12）：1208-1223.

[74] Li W，Mao Z，Xu G，et al. The microstructure evolution of cement paste modified by cationic asphalt emulsion [J]. Advances in Cement Research，2021，33（10）：436-446.

[75] Wang F，Kong X，Jiang L，et al. The acceleration mechanism of nano-CSH particles on OPC hydration [J]. Construction and Building Materials，2020，249：118734.

[76] 吴中伟.混凝土科学技术近期发展方向的探讨 [J].硅酸盐学报，1979（03）：262-270.

[77] Kong D，Huang S，Corr D，et al. Whether do nano-particles act as nucleation sites for CSH gel growth during cement hydration? [J]. Cement and Concrete Composites，2018，87：98-109.

[78] Ouyang X，Koleva D，Ye G，et al. Insights into the mechanisms of nucleation and growth of C-S-H on fillers [J]. Materials and Structures，2017，50（5）：1-13.

[79] 李秋义.建筑垃圾资源化再生利用技术 [M].北京：中国建材工业出版社，2011.

[80] 李洪志.免蒸养混凝土在构件生产中的应用探讨 [J].工程建设，2019，2（3）：88-90.

[81] Zhang W，Song X，Gu X，et al. Tensile and fatigue behavior of cor-

roded rebars［J］.Construction and Building Materials，2012，34（5）：409-417.

[82] 中华人民共和国住房和城乡建设部.普通混凝土配合比设计规程：JGJ 55—2011［S］.北京：中国建筑工业出版社，2011：56.

[83] 戴雄.粉煤灰矿物掺合料的研究［D］.武汉：湖北工业大学，2017.

[84] 何晓雁，韩恺，杜磊，等.矿物掺合料对C30混凝土抗碳化性能影响研究［J］.科技视界，2018（11）：98-99.

[85] 胡建军.掺粉煤灰和矿渣粉混凝土的碳化行为及其影响因素的研究［D］.北京：清华大学，2010.

[86] Zhao H T，Jiang K D，Yang R，et al. Experimental and theoretical analysis on coupled effect of hydration，temperature and humidity in early-age cement-based materials［J］.International Journal of Heat and Mass Transfer，2020，146：118748.

[87] Zhao H T，Wu X，Huang Y Y，et al. Investigation of moisture transport in cement-based materials using low-field nuclear magnetic resonance imaging［J］.Magazine of Concrete Research，2021，73（5）：252-270.

[88] She A M，Yao W，Yuan W C. Evolution of distribution and content of water in cement paste by low field nuclear magnetic resonance［J］.Journal of Central South University，2013，20（4）：1109-1114.

[89] Qin L，Gao X J，Su A S，et al. Effect of carbonation curing on sulfate resistance of cement-coal gangue paste［J］.Journal of Cleaner Production，2021，278：123897.

[90] Shen D J，Shi X，Zhu S S，et al. Relationship between tensile Young's modulus and strength of fly ash high strength concrete at early age［J］.Construction and Building Materials，2016，123：317-326.

[91] Shkolnik I. Influence of high strain rates on stress-strain relation-ship, strength and elastic modulus of concrete [J]. Cement and Con-crete Composites, 2008, 30 (10): 1000-1012.

[92] Delsaute B, Boulay C, Granja J, et al. Testing concrete E-modulus at very early ages through several techniques: An inter-laboratory com-parison [J]. Strain, 2016, 52 (2): 91-109.

[93] 莫利伟, 耿健, 柳俊哲. 粉煤灰和矿粉双掺对水泥基材料固化氯离子能力的研究 [J]. 硅酸盐通报, 2013, 32 (12): 2443-2448.

[94] John E, Matschei T, Stephan D. Nucleation seeding with calcium sili-cate hydrate-A review [J]. Cement and Concrete Research, 2018, 113: 74-85.

[95] Wang F, Kong X M, Wang D M, et al. The effects of nano-C-S-H with different polymer stabilizers on early cement hydration [J]. Journal of the American Ceramic Society, 2019, 102 (9): 5103-5116.

[96] Yamada K, Takahashi T, Hanehara S, et al. Effects of the chemical structure on the properties of polycarboxylate-type superplasticizer [J]. Cement and Concrete Research, 2000, 30 (2): 197-207.

[97] Winnefeld F, Becker S, Pakusch J, et al. Effects of the molecular ar-chitecture of comb-shaped superplasticizers on their performance in ce-mentitious systems [J]. Cement and Concrete Composites, 2007, 29 (4): 251-262.

[98] Jensen O M. Thermodynamic limitation of self-desiccation [J]. Cement and Concrete Research, 1995, 25 (1): 157-164.

[99] Aligizaki K K. Pore structure of cement-based materials: testing, in-terpretation and requirements [M]. Taylor and Francis: CRC

Press，2005.

[100]　Kumarr B. Pore size distribution and in-situ strength of concrete [J]. Cement and Concrete Research，2003，33（1）：155-164.

[101]　Bhattacharja S，Moukwa M，D" Orazio F，et al. Microstructure determination of cement pastes by NMR and conventional techniques [J]. Advanced Cement Based Materials，2016，1（2）：67-76.

[102]　Hou D S，Zhao T J，Ma H Y，et al. Reactive molecular simulation on water confined in the nanopores of the Calcium silicate hydrate gel：Structure，reactivity，and mechanical properties [J]. Journal of Physical Chemistry C，2015，119（3）：1346-1358.

[103]　Zhang Q，Ye G，Koenders E. Investigation of the structure of heated Portland cement paste by using various techniques [J]. Construction and Building Materials，2013，38：1040-1050.

[104]　Choi S M，Kim J M. Hydration reactivity of Calcium-Aluminate-based ladle furnace slag powder according to various cooling conditions [J]. Cement and Concrete Composites，2020，114：103734.

[105]　Hla B，Zhi X B，Gl B，et al. Effect of C-S-Hs-PCE and sodium sulfate on the hydration kinetics and mechanical properties of cement paste [J]. Construction and Building Materials，2021，266：121096.

[106]　Huang H，Ye G. Examining the "time-zero" of autogenous shrinkage in high/ultra-high performance cement pastes [J]. Cement and Concrete Research，2017，97：107-114.

[107]　Yang Y，Sato R，Kawai K. Autogenous shrinkage of high-strength concrete containing silica fume under drying at early ages [J]. Cement and Concrete Research，2005，35（3）：449-456.

[108]　Danish A，Mosaberpanah M A，Salim M U. Robust evaluation of su-

perabsorbent polymers as an internal curing agent in cementitious composites [J]. Journal of Materials Science，2021，56（1）：136-172.

[109] Wu L M，Farzadnia N，Shi C J，et al. Autogenous shrinkage of high performance concrete：A review [J]. Construction and Building Materials，2017，149：62-75.

[110] Grasley Z C，Lange D A. Thermal dilation and internal relative humidity of hardened cement paste [J]. Materials and Structures，2007，40（3）：311-317.

[111] Li Y，Bao J L，Guo Y L. The relationship between autogenous shrinkage and pore structure of cement paste with mineral admixtures [J]. Construction and Building Materials，2010，24（10）：1855-1860.

[112] 中华人民共和国住房和城乡建设部. 普通混凝土力学性能试验方法标准：GB/T 50081—2002 [S]. 北京：中国建筑工业出版社，2002.

[113] Darquennes A，Staquet S，Delplancke-Ogletree M P，et al. Effect of autogenous deformation on the cracking risk of slag cement concretes [J]. Cement and Concrete Composites，2011，33（3）：368-379.

[114] Miao C W，Tian Q，Sun W，et al. Water consumption of the early-age paste and the determination of "time-zero" of self-desiccation shrinkage [J]. Cement and Concrete Research，2007，37（11）：1496-1501.

[115] Polat R，Demirboğa R，Karagöl F. The effect of nano-MgO on the setting time，autogenous shrinkage，microstructure and mechanical properties of high performance cement paste and mortar [J]. Con-

struction and Building Materials，2017，156：208-218.

[116]　Yoo D Y，Park J J，Kim S W，et al. Influence of reinforcing bar type on autogenous shrinkage stress and bond behavior of ultra high performance fiber reinforced concrete ［J］. Cement and Concrete Composites，2014，48：150-161.

[117]　缪昌文，田倩，刘加平.基于毛细管负压技术测试混凝土最早期的自干燥效应 ［J］.硅酸盐学报，2007，35（4）：509-516.

[118]　Wang P G，Fu H，Guo T F，et al. Volume deformation of steam-cured concrete with fly ash during and after steam curing ［J］. Construction and Building Materials，2021，306：124854.

[119]　Ma Y，Yang X，Hu J，et al. Accurate determination of the "time-zero" of autogenous shrinkage in alkali-activated fly ash/slag system ［J］. Composites Part B：Engineering，2019，177：107367.

[120]　Aly T，Sanjayan J. Shrinkage cracking properties of slag concretes with one-day curing ［J］. Magazine of Concrete Research，2008，60（1）：41-48.

[121]　Jensen O M，Hansen P F. Influence of temperature on autogenous deformation and relative humidity change in hardening cement paste ［J］. Cement and concrete research，1999，29（4）：567-575.

[122]　王培铭，彭宇，刘贤萍.聚合物改性水泥水化程度测定方法比较 ［J］.硅酸盐学报，2013，41（8）：1116-1123.

[123]　Princigallo A，Lura P，Breugel K V，et al. Early development of properties in a cement paste：A numerical and experimental study ［J］. Cement and Concrete Research，2003，33（7）：1013-1020.

[124]　刘仍光.水泥-矿渣复合胶凝材料的水化机理与长期性能 ［D］.北京：清华大学，2013.

[125] Lee N，Jang J G，Lee H K. Shrinkage characteristics of alkali-activated fly ash/slag paste and mortar at early ages [J]. Cement and Concrete Composites，2014，53：239-248.

[126] Ye H L，Radlińska A. Shrinkage mitigation strategies in alkali-activated slag [J]. Cement and Concrete Research，2017，101：131-143.

[127] Zuo W Q，Feng P，Zhong P H，et al. Effects of novel polymer-type shrinkage-reducing admixture on early age autogenous deformation of cement pastes [J]. Cement and Concrete Research，2017，100：413-422.

[128] Hojati M，Radlińska A. Shrinkage and strength development of alkali-activated fly ash-slag binary cements [J]. Construction and Building Materials，2017，150：808-816.

[129] Taylor H F. Cement chemistry [M]. New York：Thomas Telford London，1997.

[130] Schindler A K，Folliard K J. Heat of hydration models for cementitious materials [J]. Aci Materials Journal，2005，102（1）：24.

[131] Schindler A K. Effect of temperature on hydration of cementitious materials [J]. Aci Materials Journal，2004，101（1）：72-81.

[132] 张君，祁锟，侯东伟. 基于绝热温升试验的早龄期混凝土温度场的计算 [J]. 工程力学，2009，（8）：155-160.

[133] Pane I，Hansen W. Concrete Hydration and Mechanical Properties under Nonisothermal Conditions [J]. Aci Materials Journal，2002，99（6）：534-542.

[134] Wade S A，Nixon J M，Schindler A K，et al. Effect of temperature on the setting behavior of concrete [J]. Journal of Materials in Civil

Engineering，2010，22（3）：214-222.

[135] Koniorczyk M，Gawin D. Modelling of salt crystallization in building materials with microstructure-Poromechanical approach [J]. Construction and Building Materials，2012，36：860-873.

[136] Koniorczyk M，Gawin D. Modelling of salt crystallization in building materials with microstructure-poromechanical approach [J]. Construction and Building Materials，2012，36：860-873.

[137] Bentz D，Geiker M R，Hansen K K. Shrinkage-reducing admixtures and early-age desiccation in cement pastes and mortars [J]. Cement and Concrete Research，2001，31（7）：1075-1085.

[138] Bentz D P，Jensen O M. Mitigation strategies for autogenous shrinkage cracking [J]. Cement and Concrete Composites，2004，26（6）：677-685.

[139] Jensen O M，Hansen P F. Water-entrained cement-based materials：Ⅰ. Principles and theoretical background [J]. Cement and Concrete Research，2001，31（4）：647-654.

[140] Wang D Z，Zhou X M，Fu B，et al. Chloride ion penetration resistance of concrete containing fly ash and silica fume against combined freezing-thawing and chloride attack [J]. Construction and Building Materials，2018，169：740-747.

[141] Shi X M，Xie N，Fortune K，et al. Durability of steel reinforced concrete in chloride environments：An overview [J]. Construction and Building Materials，2012，30：125-138.

[142] 李丹，吴建伟，张鹏. 引气混凝土抗氯离子渗透性及其微观孔结构 [J]. 硅酸盐通报，2017，36（11）：3797-3802.

[143] Choi S-W，Jang B-S，Kim J-H，et al. Durability characteristics of

fly ash concrete containing lightly-burnt MgO [J]. Construction and Building Materials，2014，58：77-84.

[144] 陈正，杨绿峰，王燚. 复合外掺料高性能混凝土的氯离子扩散性能 [J]. 广西大学学报（自然科学版），2010，35（06）：908-913.

[145] Lin Z，Guodong C，Yongjian D. Studies on frozen ground of China [J]. Journal of Geographical Sciences，2004，14（4）：411-416.

[146] Powers T C. A working hypothesis for further studies of frost resistance of concrete [C]. Journal Proceedings，1945：245-272.

[147] Powers T C，Helmuth R. Theory of volume changes in hardened portland-cement paste during freezing [C]. Highway research board proceedings，1953.

[148] Zeng Q，Li K. Influence of freezing rate on the cryo-deformation and cryo-damage of cement-based materials during freezing-thaw cycles [J]. Journal of Tsinghua University，2008，48（9）：1390-1394.

[149] Xiao Z，Lai Y，Zhang M. Study on the freezing temperature of saline soil [J]. Acta Geotechnica，2018，13（1）：195-205.

[150] Liu L，Wu S，Chen H，et al. Numerical investigation of the effects of freezing on micro-internal damage and macro-mechanical properties of cement pastes [J]. Cold Regions Science and Technology，2014，106：141-152.

[151] Scherer G W. Crystallization in pores [J]. Cement and Concrete Research，1999，29（8）：1347-1358.

[152] Müllauer W，Beddoe R E，Heinz D. Sulfate attack expansion mechanisms [J]. Cement and Concrete Research，2013，52：208-215.

[153] Yu C，Sun W，Scrivener K. Mechanism of expansion of mortars immersed in sodium sulfate solutions [J]. Cement and Concrete Re-

search，2013，43：105-111.

[154] 马保国，罗忠涛，高小建.不同品种水泥的抗碳硫硅酸钙型硫酸盐侵蚀性能 [J].硅酸盐学报，2006，34（5）：622-625.

[155] Idiart A E，López C M，Carol I. Chemo-mechanical analysis of concrete cracking and degradation due to external sulfate attack：A meso-scale model [J].Cement and Concrete Composites，2011，33（3）：411-423.

[156] Tixier R，Mobasher B. Modeling of damage in cement-based materials subjected to external sulfate attack. I：formulation [J].Journal of Materials in Civil Engineering，2003，15（4）：305-313.

[157] Sun D，Wu K，Shi H，et al. Effect of interfacial transition zone on the transport of sulfate ions in concrete [J].Construction and Building Materials，2018，192：28-37.

[158] Yin G J，Zuo X B，Sun X H，et al. Macro-microscopically numerical analysis on expansion response of hardened cement paste under external sulfate attack [J].Construction and Building Materials，2019，207：600-615.

[159] Samson E，Marchand J. Modeling the effect of temperature on ionic transport in cementitious materials [J].Cement and Concrete Research，2007，37（3）：455-468.

[160] Bary B，Béjaoui S. Assessment of diffusive and mechanical properties of hardened cement pastes using a multi-coated sphere assemblage model [J].Cement and Concrete Research，2006，36（2）：245-258.

[161] Jensen O M，Korzen M S H，Jakobsen H J，et al. Influence of cement constitution and temperature on chloride binding in cement paste [J]，Advances in Cement Research，2000，12（2）：57-64.

[162] Jiang W-Q, Shen X-H, Hong S, et al. Binding capacity and diffu-sivity of concrete subjected to freeze-thaw and chloride attack: A nu-merical study [J]. Ocean Engineering, 2019, 186: 106093.

[163] Santhanam M, Cohen M D, Olek J. Modeling the effects of solution temperature and concentration during sulfate attack on cement mor-tars [J]. Cement and Concrete Research, 2002, 32 (4): 585-592.